Framilson José Ferreira Carneiro

CRIPTOGRAFIA
E TEORIA DOS NÚMEROS

Criptografia e Teoria dos Números

Copyright© Editora Ciência Moderna Ltda., 2017

Todos os direitos para a língua portuguesa reservados pela EDITORA CIÊNCIA MODERNA LTDA.

De acordo com a Lei 9.610, de 19/2/1998, nenhuma parte deste livro poderá ser reproduzida, transmitida e gravada, por qualquer meio eletrônico, mecânico, por fotocópia e outros, sem a prévia autorização, por escrito, da Editora.

Editor: Paulo André P. Marques

Produção Editorial: Dilene Sandes Pessanha

Capa: Daniel Jara

Diagramação: Lucia Quaresma

Copidesque: Eliane de Jesus

Várias **Marcas Registradas** aparecem no decorrer deste livro. Mais do que simplesmente listar esses nomes e informar quem possui seus direitos de exploração, ou ainda imprimir os logotipos das mesmas, o editor declara estar utilizando tais nomes apenas para fins editoriais, em benefício exclusivo do dono da Marca Registrada, sem intenção de infringir as regras de sua utilização. Qualquer semelhança em nomes próprios e acontecimentos será mera coincidência.

FICHA CATALOGRÁFICA

CARNEIRO, Framilson José Ferreira.

Criptografia e Teoria dos Números

Rio de Janeiro: Editora Ciência Moderna Ltda., 2017.

1. Matemática
I — Título

ISBN: 978-85-399-0820-2 CDD 510

Editora Ciência Moderna Ltda.
R. Alice Figueiredo, 46 – Riachuelo
Rio de Janeiro, RJ – Brasil CEP: 20.950-150
Tel: (21) 2201-6662/ Fax: (21) 2201-6896
E-MAIL: LCM@LCM.COM.BR
WWW.LCM.COM.BR

01/17

Dedicatória

Aos meus pais, Edmilson José e Maria Vitória, exemplos de como lutar por aquilo que se deseja.

Janilde Santos, companheira e amiga que sempre está ao meu lado, não permitindo que eu desanime e me motivando nas horas mais difíceis.

AGRADECIMENTOS

Agradeço...

A Deus, por me conceder a vida e por ser fonte de forças quando preciso;

Aos meus irmãos, agradeço o apoio, inclusive a Urielson Carneiro (in memoriam);

A Sebastião Ferreira (in memoriam), João Paulo Ferreira, Elinisse Alves, por acreditarem em mim e não me permitirem desistir de meu trabalho;

Ao professor Nivaldo Costa Muniz pelas orientações, principalmente quando me encontrei desnorteado;

A Flávila Santos, pela revisão;

E finalmente à Editora Ciência Moderna pela oportunidade.

"A Matemática é a rainha das ciências e a teoria
dos números é a rainha da Matemática".
Gauss

PREFÁCIO

Para estudar Matemática é preciso perseverança. A frustração faz parte do processo de aprendizagem, e é importante não desistir. À medida que se vai adquirindo intimidade com a disciplina e seus conteúdos, tudo se torna mais simples. Dito isso, apresenta-se neste livro os segredos da criptografia, estando o método RSA incluso, com o objetivo de aproximar a criptografia tanto a estudantes quanto a professores e autodidatas, bem como a todos aqueles que são apaixonados por matemática. O tema foi escolhido para ser explorado porque a criptografia esteve presente, em maior ou menor grau, já nas primeiras formas de sociedades estabelecidas, e colaborou com a vital comunicação entre os homens, tendo ao longo do tempo desempenhado um importante papel também em diversas outras áreas da vida cotidiana que tem como base para funcionamento satisfatório a comunicação.

Acredita-se que este livro se justifica por apresentar um estudo que busca a integração da história da criptografia, matemática e tecnologia. Escondidos no método de criptografia RSA encontram-se teoremas da matemática na sua forma mais abstrata e pura. Conceitos matemáticos criados em épocas remotas cuja aplicação não ultrapassava muitas vezes a curiosidade de seu criador, foram depois utilizados na criptografia RSA como se tivessem surgido com este intuito.

O livro pretende também abordar o desenvolvimento histórico da criptografia e apresentar e identificar os fundamentos matemáticos aplicados no método de criptografia RSA, que é atualmente um dos mais utilizados e seguros.

Este livro está organizado em três capítulos: o primeiro dedicado ao enredo histórico, onde apresenta uma viagem pelo mundo da criptografia, mostrando uma discussão acerca da evolução dos métodos criptográficos; o segundo capítulo será dedicado aos conceitos matemáticos necessários para a compreensão do método RSA, desenvolvendo-se uma descrição de maneira natural e em ordem crescente, partindo desde a definição de divisibilidade dos números inteiros até a introdução dos teoremas fundamentais para a criptografia RSA; e, no terceiro capítulo descreve-se o método RSA por meio dos algoritmos de geração de chaves, analisando-se aqui a segurança do método RSA e onde podemos encontrá-lo. No apêndice encontram-se as resoluções de todos os exercícios aqui propostos.

Acredita-se que este livro possa servir de base para disciplinas em cursos de graduação como Matemática e Ciência da Computação e eventualmente nos ensinos Fundamental e Médio, bastando o professor fazer as adaptações pertinentes dos criptossistemas, começando a instigar os alunos para os métodos mais simples de criptografia.

São Luís, 01 de outubro de 2015.

Framilson José F. Carneiro.

Sumário

CAPÍTULO 1: INTRODUÇÃO À CRIPTOGRAFIA **1**

  1.1. Contexto Histórico 3

    1.1.1. Cifra da Transposição 4

    1.1.2. Cifra das Substituições 6

    1.1.3. A Mecanização da Criptografia 12

    1.1.4. Criptografia Pós-Guerra (RSA) 18

  1.2. Exercícios 22

CAPÍTULO 2: INTRODUÇÃO À TEORIA DOS NÚMEROS **25**

  2.1. Divisibilidade 27

    2.1.1. Conceitos Fundamentais e Divisão
    com Resto 27

    2.1.2. Máximo Divisor Comum 32

    2.1.3. Números Primos 39

  2.2. Aritmética Modular 52

    2.2.1. Inteiro Módulo n. 53

    2.2.2. Soma e Produto de Classes 55

    2.2.3. Potência Módulo n. 58

    2.2.4. Divisão Modular 60

xiv   Criptografia e Teoria dos Números

2.3. Teoremas de Fermat e Euler   **63**

    2.3.1. Função de Euler   66

2.4. Exercícios   **74**

CAPÍTULO 3: MÉTODO DE CRIPTOGRAFIA RSA   **77**

3.1. Funcionamento do Método de Criptografia RSA   **79**

    3.1.1. Pré-codificação   79

    3.1.2. Codificação   81

    3.1.3. Decodificação   81

    3.1.4. Funcionalidade do Método RSA   82

    3.1.5. Segurança do Método RSA   83

3.2. Exemplo   **84**

3.3. Assinaturas   **95**

3.4. Considerações Finais   **97**

3.5. Exercícios   **98**

APÊNDICE: RESOLUÇÕES DOS EXERCÍCIOS   **101**

Capítulo 1   103

Capítulo 2   107

Capítulo 3   113

REFERÊNCIAS   **117**

Capítulo 1

INTRODUÇÃO À CRIPTOGRAFIA

Apresentamos neste capítulo um relato histórico cronológico dos códigos e de suas chaves, a história de uma batalha secular entre os codificadores e decifradores de códigos, uma corrida intelectual que teve forte impacto no curso da história humana.

A contínua batalha entre os codificadores e os decifradores de códigos inspiraram toda uma série de notáveis descobertas científicas. Os codificadores estavam sempre criando códigos cada vez mais fortes, enquanto os decifradores estavam sempre querendo encontrar alguma fraqueza nesses códigos. Essa luta de preservação e destruição de códigos acelerou o desenvolvimento tecnológico sobretudo dos computadores modernos.

1.1. CONTEXTO HISTÓRICO

A necessidade de serem enviadas informações entre dois ou mais pontos, sem que as mesmas fossem interceptadas ou alteradas entre os pontos de envio e recepção, deu origem à criptografia. Fundamentalmente, a criptografia consiste em estudar métodos ou técnicas que tornam o conteúdo das mensagens incompreensíveis às pessoas não autorizadas ao mesmo tempo permitindo que os destinatários recuperam a mensagem original.

A criptografia é tão antiga quanto à própria escrita, podendo ser encontrada no sistema de escrita Hieroglífica dos egípcios, onde era usada para esconder o significado real do texto e dar-lhe um caráter mais solene. Vários povos da antiguidade, dentre eles, gregos, hebreus, persas e árabes a utilizavam para tentar impedir que informações confidenciais, caso caíssem em mãos inimigas fossem interpretadas.

4 Criptografia e Teoria dos Números

A palavra criptografia originou-se da fusão de duas palavras gregas - kryptos = secreto, oculto e graphein = escrita, escrever - e significa escrita secreta. O intuito da criptografia não é ocultar a existência de uma mensagem, mas esconder o seu significado e para isso utiliza-se de técnicas que em linhas gerais consistem em métodos lógicos para embaralhar ou cifrar letras das mensagens. Essas técnicas são divididas em duas cifras: transposição e substituição.

1.1.1. Cifra da Transposição

Na transposição, as letras das mensagens são embaralhadas, gerando efetivamente, um anagrama.

Uma transposição das letras de uma mensagem oferece um alto nível de segurança, porque o interceptador inimigo não conseguirá recompô-la. Em contrapartida, para o destinatário também se tornará impossível a decodificação do anagrama. Então, para que a transposição seja eficaz, o embaralhamento das letras deve seguir um acordo previamente estabelecido entre remetente e destinatário; acordo esse que deve permanecer secreto para terceiros.

A forma mais simples de enviar uma mensagem utilizando essa técnica é o chamado sistema de transposição da "**Cerca de Ferrovia**". Consta em escrever a mensagem original em uma sequência de diagonais, ou seja, alternando as letras de forma que fiquem separadas por linhas alternadas, uma em cima e outra em baixo, sendo que para o texto cifrado pega-se a sequência de letras formada na linha superior e em seguida pela inferior, criando assim a mensagem cifrada. Vamos a um exemplo:

A Mensagem original é "**O CURSO DE MATEMÁTICA**"

	a	b	c	d	e	f	g	h	i	j	k	l	m	n	o	p	q	r	s	t	u	v	w	x	y	z
a	A	B	C	D	E	F	G	H	I	J	K	L	M	N	O	P	Q	R	S	T	U	V	W	X	Y	Z
b	B	C	D	E	F	G	H	I	J	K	L	M	N	O	P	Q	R	S	T	U	V	W	X	Y	Z	A
c	C	D	E	F	G	H	I	J	K	L	M	N	O	P	Q	R	S	T	U	V	W	X	Y	Z	A	B

A mensagem cifrada é **OUSDMTMTCCROEAEAIA**.

Para recuperar a mensagem o receptor deve simplesmente reverter o processo. A "cerca de ferrovia" é uma técnica bastante vulnerável.

No entanto, existe outra forma de transposição, essa um pouco mais segura, consiste em escrever a mensagem numa tabela retangular, por isso denominaremos essa forma de "método retangular". Primeiramente, define--se uma chave, onde essa chave é uma palavra qualquer e depois se ordena alfabeticamente as colunas ocupadas por cada letra dessa chave. Em seguida escreve-se a mensagem linha por linha sob a respectiva chave preenchendo todos os espaços da tabela. Espaços em branco, caso existam, podem ser preenchidos por "jogo da velha", por exemplo. Para cifrar a mensagem retira-se a sequência de letras das colunas na ordem crescente das letras da chave.

Para decifrar a mensagem, o receptor faz o processo inverso, ou seja, como a mensagem foi escrita em linhas e codificadas em colunas o receptor deve escrever em colunas e decodificar em linhas.

Vamos observar o método a partir de um exemplo:

A mensagem original é "**O CURSO DE MATEMÁTICA**". Convencionaremos a chave por "FERMAT".

ORDEM	3	2	5	4	1	6
CHAVE	**F**	**E**	**R**	**M**	**A**	**T**
MENSAGEM	O	C	U	R	S	O
	D	E	M	A	T	E
	M	A	T	I	C	A

A mensagem cifrada é **STCCEAODMRAIUMTOEA.**

1.1.2. Cifra das Substituições

A cifra das substituições consiste em trocar uma letra ou conjunto de letras por outra(s) letra(s), símbolo(s) ou número(s).

O imperador romano Júlio César, para comunicar os planos de batalhas, usava a técnica de cifra por substituição que parece ser a mais antiga forma de código secreto de que se tem notícia e a mais simples. Para produzir seu texto cifrado, César substituía cada letra do alfabeto por outra que fica três posições adiante no alfabeto, ou seja, "A" era substituído por "D", "B" por "E" e assim até as últimas que eram substituídas pelas primeiras. Essa cifra ficou conhecida como "**Cifra de César**" em homenagem ao imperador romano. E esse termo é utilizado atualmente para denominar qualquer forma de substituição criptográfica no qual cada letra é substituída por outra letra, número ou símbolo. Por exemplo: Mensagem original é "**O CURSO DE MATEMÁTICA**".

Mensagem original	O	curso	de	matemática
Mensagem cifrada	R	FXUVR	GH	PDWHPDWLFD

Mensagem cifrada é **RFXUVRGHPDWHPDWLFD.**

Embora o texto cifrado realmente pareça não ter nexo, levaríamos pouco tempo para quebrar o código se soubéssemos que foi usada a Cifra de César, pois existem somente 25 valores possíveis para as chaves.

Um aprimoramento da Cifra de César era denominada **Cifra de Substituição Monoalfabética,** onde cada um dos caracteres do texto original é substituído por outro de acordo com uma tabela pré-estabelecida ou de acordo com uma chave, que nesse caso será um número que indica quantas posições deve-se avançar no alfabeto para se obter o texto cifrado.

Os árabes, eram familiarizados com o uso da cifra de substituição monoalfabética, no entanto a eles não é concedida nenhuma relevância na história da criptografia, tanto que, além de utilizar cifras, os estudiosos árabes foram capazes de quebrá-las. Foram eles que inventaram a criptoanálise, a ciência da dedução do texto original a partir do texto cifrado, sem o conhecimento da chave. Enquanto o criptógrafo desenvolve novos métodos de escrita secreta, é o criptoanalista que luta para encontrar fraquezas nesses métodos, de modo a quebrar mensagens secretas. Simon Singh em sua obra Livro dos códigos (página 32) afirma "A criptoanálise só pôde ser inventada depois que a civilização atingiu um nível suficientemente sofisticado de estudo, em várias disciplinas, incluindo matemática, estatística e linguística".

As cifras monoalfabéticas são fáceis de serem quebradas. Isto se deve ao fato de que a frequência média com que cada letra é usada em uma determinada língua é mais ou menos constante. Por exemplo, na língua portuguesa:

- As vogais são mais frequentes do que as consoantes;

- A vogal com maior frequência é o A;

- As consoantes S e M são mais frequentes do que as outras.

8   Criptografia e Teoria dos Números

Assim, apenas analisando a frequência de cada símbolo no texto, podemos descobrir a que letra correspondem os símbolos mais frequentes.

Por séculos, a cifra de substituição monoalfabética, foi suficiente para guardar segredos, mas com o desenvolvimento da análise de frequência houve um enfraquecimento no método; e na disputa entre criptógrafos e criptoanalistas parecia claro que os criptógrafos estavam perdendo. Qualquer mensagem enviada por esta cifra incorria na possibilidade de um especialista qualquer interpretá-la e assim conhecer os segredos.

Cabia aos criptográficos vencerem os criptoanalistas, criando uma cifra mais resistente a quebra.

1.1.2.1.   Cifra de Substituição Polialfabética

Embora esta cifra só viesse a ser reconhecida no final do século XVI, suas origens se devem a um italiano da cidade de Florença do século XV, Leon Battista Alberti. Por mais que tenha sido uma figura de destaque na Renascença, realizando vários trabalhos em diferentes áreas, ele ficou mais conhecido na arquitetura, ao projetar a primeira Fonte de Trevi em Roma e também por ter escrito o primeiro livro sobre arquitetura, o qual serviu de base para a transição entre o estilo gótico e o renascentista.

Na criptografia, Leon Alberti, por volta de 1460, propõe utilizar dois ou mais alfabetos e alterná-los durante uma cifragem de modo a evitar a análise de frequência das letras do idioma, essa foi a primeira proposta de substituição polialfabética da história, porém não obteve o reconhecimento merecido, pois Alberti não conseguiu desenvolver suas ideias, até transformá--las num sistema completo de cifragem. Até chegar numa forma completa, a cifra passou por alguns intelectuais que aperfeiçoaram a ideia original de forma gradativa. O primeiro a aparecer foi o abade alemão Johannes Trithemius; depois foi o cientista italiano Giovanni Porta; e por último, o diplomata francês Blaise de Vigenère. Este último tomou conhecimento dos trabalhos de Alberti, Trithemius e Porta, chegando a examinar em detalhes suas respectivas ideias e misturá-las para formar uma nova cifra, coerente e poderosa. Justamente por Blaise ter concatenado as fortes contribuições feitas por esses estudiosos foi que a cifra ficou conhecida como Cifra de Vigenère.

Em 1586, Blaise de Vigenère publica um tratado sobre a escrita secreta, "Traicté des chiffres", nesta publicação ele descreve o processo de cifrar mensagens através do seu método: utilizam-se 26 alfabetos distribuídos em uma matriz conhecida por tabela de Vigenère, da forma como é mostrada na figura 1. Em seguida escolhe-se uma palavra qualquer, que será a chave do método, denominada de palavra-chave.

	a	b	c	d	e	f	g	h	i	j	k	l	m	n	o	p	q	r	s	t	u	v	w	x	y	z
a	A	B	C	D	E	F	G	H	I	J	K	L	M	N	O	P	Q	R	S	T	U	V	W	X	Y	Z
b	B	C	D	E	F	G	H	I	J	K	L	M	N	O	P	Q	R	S	T	U	V	W	X	Y	Z	A
c	C	D	E	F	G	H	I	J	K	L	M	N	O	P	Q	R	S	T	U	V	W	X	Y	Z	A	B
d	D	E	F	G	H	I	J	K	L	M	N	O	P	Q	R	S	T	U	V	W	X	Y	Z	A	B	C
e	E	F	G	H	I	J	K	L	M	N	O	P	Q	R	S	T	U	V	W	X	Y	Z	A	B	C	D
f	F	G	H	I	J	K	L	M	N	O	P	Q	R	S	T	U	V	W	X	Y	Z	A	B	C	D	E
g	G	H	I	J	K	L	M	N	O	P	Q	R	S	T	U	V	W	X	Y	Z	A	B	C	D	E	F
h	H	I	J	K	L	M	N	O	P	Q	R	S	T	U	V	W	X	Y	Z	A	B	C	D	E	F	G
i	I	J	K	L	M	N	O	P	Q	R	S	T	U	V	W	X	Y	Z	A	B	C	D	E	F	G	H
j	J	K	L	M	N	O	P	Q	R	S	T	U	V	W	X	Y	Z	A	B	C	D	E	F	G	H	I
k	K	L	M	N	O	P	Q	R	S	T	U	V	W	X	Y	Z	A	B	C	D	E	F	G	H	I	J
l	L	M	N	O	P	Q	R	S	T	U	V	W	X	Y	Z	A	B	C	D	E	F	G	H	I	J	K
m	M	N	O	P	Q	R	S	T	U	V	W	X	Y	Z	A	B	C	D	E	F	G	H	I	J	K	L
n	N	O	P	Q	R	S	T	U	V	W	X	Y	Z	A	B	C	D	E	F	G	H	I	J	K	L	M
o	O	P	Q	R	S	T	U	V	W	X	Y	Z	A	B	C	D	E	F	G	H	I	J	K	L	M	N
p	P	Q	R	S	T	U	V	W	X	Y	Z	A	B	C	D	E	F	G	H	I	J	K	L	M	N	O
q	Q	R	S	T	U	V	W	X	Y	Z	A	B	C	D	E	F	G	H	I	J	K	L	M	N	O	P
r	R	S	T	U	V	W	X	Y	Z	A	B	C	D	E	F	G	H	I	J	K	L	M	N	O	P	Q
s	S	T	U	V	W	X	Y	Z	A	B	C	D	E	F	G	H	I	J	K	L	M	N	O	P	Q	R
t	T	U	V	W	X	Y	Z	A	B	C	D	E	F	G	H	I	J	K	L	M	N	O	P	Q	R	S
u	U	V	W	X	Y	Z	A	B	C	D	E	F	G	H	I	J	K	L	M	N	O	P	Q	R	S	T
v	V	W	X	Y	Z	A	B	C	D	E	F	G	H	I	J	K	L	M	N	O	P	Q	R	S	T	U
w	W	X	Y	Z	A	B	C	D	E	F	G	H	I	J	K	L	M	N	O	P	Q	R	S	T	U	V
x	X	Y	Z	A	B	C	D	E	F	G	H	I	J	K	L	M	N	O	P	Q	R	S	T	U	V	W
y	Y	Z	A	B	C	D	E	F	G	H	I	J	K	L	M	N	O	P	Q	R	S	T	U	V	W	X
z	Z	A	B	C	D	E	F	G	H	I	J	K	L	M	N	O	P	Q	R	S	T	U	V	W	X	Y

Figura 1: Tabela de Vigenère

Portanto, para enviar uma mensagem por este método procedemos da seguinte maneira: escreve-se a palavra-chave sobre a mensagem original repetidamente até que cada letra da mensagem original fique associada a uma determinada letra da palavra-chave. A letra da mensagem cifrada será onde se intercepta a letra da palavra-chave (linha da tabela) com a letra da mensagem original (coluna da tabela) e dessa forma prossegue-se até concluir a mensagem por completa.

Segue um exemplo:

A mensagem original é **"O CURSO DE MATEMÁTICA"** e convencionaremos como a palavra-chave "EULER". Então:

Palavra-chave	E	ULERE	UL	EREULEREUL
Mensagem Original	O	CURSO	DE	MATEMÁTICA
Mensagem Cifrada	S	WFVJS	XP	QRXYXEKMWL

Para decifrar a mensagem por este método o procedimento é bem parecido com o qual acabamos de realizar. Escreve-se a mesma palavra-chave sobre a mensagem cifrada até que cada letra da mensagem cifrada fique associada a uma letra da palavra-chave. Daí observamos a letra da palavra-chave que se encontra na linha da tabela e arrastamos sem sair da linha até chegarmos a letra da palavra cifrada e por fim, para sua projeção na coluna da tabela, que será a letra da mensagem original, e temos que realizar este processo com todas até chegar na última letra da mensagem cifrada.

A cifra de Vigenère é imune à análise de frequência, pois analisando a letra com maior frequência na mensagem cifrada ela nem sempre irá representar a mesma letra na mensagem original. Se observarmos bem o nosso exemplo dá para ver esse fato, pois as letras S e W se repetem por duas vezes na mensagem cifrada e coincidem com as mesmas letras na mensagem original, já a letra X, que se repete em maior quantidade de vezes, representa três letras distintas na mensagem original. Além disso, a cifra possui inúmeras chaves, portanto, o remetente e o destinatário podem escolher qualquer palavra no dicionário ou até mesmo criar novas palavras. Então, por esse motivo, um criptoanalista não conseguiria decifrar a mensagem porque o número de possibilidades para a chave é simplesmente grande demais.

O arquiteto italiano Leonel Alberti além de ter iniciado uma nova forma de cifra, teve outra grande contribuição para a criptografia: a criação da primeira máquina criptográfica que é o disco de cifra mostrado na figura 2.

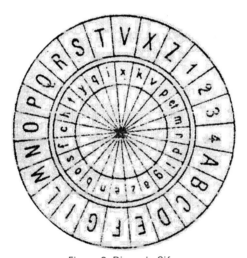

Figura 2: Disco de Cifra

O disco de cifra foi construído da seguinte maneira: Leonel Alberti tomou dois círculos de cobre com uma pequena diferença de diâmetro entre eles e escreveu um alfabeto ao longo da borda de cada círculo. Colocou em seguida o círculo menor sobre o maior de modo que uma agulha passada pelos dois centros servisse como um eixo comum. Os círculos podiam girar independentemente de forma que os dois alfabetos mudavam suas posições relativas e assim eram usados para cifrar mensagem. O alfabeto do círculo maior era tomado como sendo o original, enquanto o do círculo menor representava o cifrado. Cada letra na mensagem original era extraída do círculo maior com a correspondente no círculo menor, sendo esta a letra na mensagem cifrada.

As cifras de substituição que existiam antes da cifra de Vigenère eram denominadas de cifras de substituição monoalfabéticas porque utilizavam apenas um alfabeto por mensagem. Já a cifra de Vigenère pertence a outra classe de cifra, denominada de cifra de substituição polialfabética, porque utilizava mais de um alfabeto por mensagem.

Para muitos dos usos do século XVII, a cifra monoalfabética era inadequada para alguns tipos de comunicações e a de substituição polialfabética era um tanto complexa. Por esse motivo, os criptógrafos queriam uma cifra intermediária que fosse mais difícil de quebrar do que a cifra monoalfabética e mais simples de usar do que a cifra polialfabética.

A dupla Antoine e Bonaventure Rossignol, pai e filho respectivamente, que trabalhavam como criptoanalista para Luís XIV, possuíam grande experiência em quebrar cifras, a qual deu-lhes uma percepção de como criar uma cifra mais segura sem precisar recorrer às complexidades da cifra polialfabética: eles inventaram o que chamaram de a grande cifra, uma cifra monoalfabética aperfeiçoada. Claro que a grande cifra era mais complicada do que a cifra de substituição monoalfabética porque esta exigiria apenas vinte e seis chaves diferentes, enquanto que a grande cifra possuía quinhentos e oitenta e sete chaves diferentes.

1.1.3. A Mecanização da Criptografia

Depois de 1830, houve um avanço na área de comunicação com o invento do código Morse e do telégrafo, ambos por Samuel Morse. O código

Morse foi a primeira representação binária (ponto e traço) do alfabeto com grande aplicação. Ao longo dos anos o código Morse e o telégrafo, responsável por transmitir o código, chegaram a exercer um importante papel na comunicação em geral. Entretanto, a proteção dessa comunicação causava uma preocupação porque a mensagem era entregue ao operador do telégrafo que a lia antes de a transmitir adiante em código Morse e isto significava problemas de sigilo. Então, a solução seria cifrar as mensagens antes de entregá-las ao telegrafista no intuito de proteger segredos sentimentais e comerciais de relativa importância.

Com a estabilidade do código Morse a maioria dos criptógrafos desistiram de quebrar a cifra de Vigenère, surgi então Babbage.

Nascido em 1791, Charles Babbage foi a figura mais intrigante da criptografia, filho de Benjamin Babbage, um rico banqueiro de Londres que negou ao filho acesso a fortuna da família por este ter se casado sem o seu consentimento. Charles Babbage não se abalou muito com esse fato, pois possuía dinheiro suficiente para manter-se financeiramente. Sem a necessidade de trabalhar, Babbage iniciou uma vida científica voltada a resolução de problemas que despertassem seu interesse, entre eles estava a cifra de Vigenère. "Quebrar uma cifra difícil é como escalar um penhasco íngreme" afirmou Babbage.

Trabalhando paralelamente a Babbage, estava o oficial da reserva do exército prussiano, Friedrich Wilhelm Kasiski, que em 1863 publicou um trabalho seu intitulado "Die Geheimschriften und die Dechiffrer-Kunst" (A Escrita Secreta e a Arte de Decifrá-la) onde descreve a sua técnica de como quebrar a cifra de Vigenère, essa técnica ficou conhecida como teste de Kasiski. Essa publicação deu os créditos da quebra da cifra de Vigenère somente a Kasiski e não se sabe ao certo porque Babbage não chegou a divulgar seu trabalho sobre a quebra da cifra de Vigenère já que foram achados seus escritos sobre o tema logo após sua morte. Entretanto, há uma

14 Criptografia e Teoria dos Números

suposta explicação: dizem que sua descoberta aconteceu logo após o início da guerra da Criméia, e há relatos de que a descoberta deu aos britânicos uma vantagem sobre os russos, sendo bem possível que, Babbage tenha sido obrigado, pela espionagem britânica a manter em segredo seu trabalho. Se isto for o que realmente aconteceu, então ele se encaixa muito bem na longa tradição de ocultar conquistas de quebra de cifras de códigos ao interesse da segurança nacional.

Então graças às descobertas realizadas por Charles Babbage e Friedrich Kasiski, a cifra de Vigenère não era mais segura. Com essa insegurança os criptógrafos não podiam mais garantir os segredos das comunicações, e assim os criptoanalistas tinham o controle na luta das comunicações. Apesar dos criptógrafos terem tentado criar novas cifras, nada surgiu durante a segunda metade do século XIX a não ser o enorme aumento do interesse do público em geral pelas cifras. Em meio a essa confusão, na virada do mesmo século, o físico italiano Guglielmo Marconi realizou um feito poderoso para a telecomunicação que aumentou a necessidade de uma codificação mais segura. Marconi tinha inventado um equipamento capaz de transmitir e receber pulsos elétricos a uma distância de até 2,5km com a vantagem de não haver a necessidade de um fio para transportar a mensagem entre o emissor e o receptor, esse era um modo de comunicação diferente dos que existiam a esse invento foi dado o nome de rádio.

A criação de Marconi encantou os militares que sentiam uma mistura de desejo e medo. De um modo geral, o advento do rádio possibilitou aos generais que mantivessem contato contínuo com seus batalhões independentemente de seus movimentos. Tudo isso foi possível por causa das ondas de rádio que emanavam em todas as direções e chegavam até seus receptores onde quer que estivessem. Entretanto, essa facilidade de comunicação proporcionada pelo rádio seria também sua maior fraqueza, pois as mensagens poderiam chegar onde não deveria. Por esse motivo, havia necessidadede uma codificação confiável para que terceiros, ao interceptar as mensagens, não conseguissem decifrá-las.

Essa dúbia característica do rádio, facilidade de comunicação e de interceptação, foi posta em evidência no início da Primeira Guerra Mundial. Várias nações estavam ansiosas em utilizar o poder do rádio, mas não sabiam garantir a segurança. Então intensificaram a busca por uma nova cifra que garantisse o sigilo para os comandantes militares. Porém, não obtiveram êxito, pois no período entre 1914 e 1918 não houve avanço na criptografia. As cifras que eram criadas, uma por uma, foram decifradas. Mas apesar da fragilidade, a quantidade de mensagens transmitidas pelo rádio durante a Primeira Guerra Mundial foi enorme e cada uma delas corria o risco de ser interceptada.

Nos anos seguintes a Primeira Guerra Mundial, em função dos fracassos criptográficos, continuou a busca por um sistema que pudesse ser usado em conflitos seguintes. Felizmente, com a insistência, não demorou para que os criptógrafos encontrassem algo que restabeleceria a comunicação secreta no campo de batalha. Com a intenção de reforçar as cifras, os criptógrafos queriam deixar de usar apenas papel e lápis e explorar a tecnologia mais desenvolvida para mandar mensagens.

Assim sendo, o alemão Arthur Scherbius, tendo estudado engenharia elétrica em Hanover e Munique, desenvolveu uma máquina criptográfica que de certa forma em sua essência era uma versão elétrica do disco de Cifra de Alberti. Ele a denominou de Enigma, essa invenção se tornaria o mais complicado sistema de cifragem da História e os militares alemães começaram a utilizá-la a partir de 1926 e passaram a desfrutar do sistema de criptografia mais seguro do mundo.

No início da Segunda Guerra Mundial, os alemães acharam que a Enigma teria um papel vital na vitória nazista, mas ela acabou ajudando na queda de Hitler. Empenhados em decifrar as mensagens secretas dos

16   Criptografia e Teoria dos Números

nazistas, anonimamente trabalhava uma equipe, formada por milhares de matemáticos entre eles encontrava-se um tímido homem chamado Alan Turing que foi fundamental nesta tarefa.

Julius Turing, pai de Alan Turing, um funcionário do governo britânico que exercia trabalho em Chatrapur, uma cidade do sul da Itália, decidiu junto com sua esposa Ethel que seu filho deveria nascer na Grã-Bretanha, então retornaram para Londres onde em 23 de junho de 1912 Alan nasceu. Os pais retornaram para Índia, deixando Alan para ser criado no Reino Unido por babás e amigos da família.

Em 1926, aos 14 anos de idade, Alan iniciou sua vida escolar e desde cedo demonstrou afinidade para a ciência, realizando suas primeiras experiências em companhia de seu amigo Christopher Morcon. Mas a amizade durou apenas quatro anos, pois em 1930 Christopher Morcon morreu subitamente de tuberculose.

Turing ficou arrasado com a perda do amigo, então com isso, resolveu dedicar-se inteiramente à matemática para preencher a tristeza da perda do mesmo. Assim, no ano seguinte, foi admitido no King's College em Cambridge lugar da elite intelectual da época. Levava uma vida normal de professor de Cambridge, trabalhava misturando matemática pura com atividades práticas.

Em 1937, Turing publica seu mais importante trabalho científico intitulado "On Computable Numbers" (Os Números Computáveis), onde descreve uma máquina imaginária que poderia efetuar de forma automática os processos geralmente desenvolvidos por um matemático. De acordo com sua proposta, haveria uma máquina para cada processo: uma para somar, outra para dividir, outra para elevar ao quadrado e assim por diante. Essas máquinas ficaram conhecidas como Máquinas de Turing. Posteriormente, ele tornou a ideia um tanto mais radical: em vez de ter uma máquina específica para cada processo matemático, ele idealizou um modelo que tivesse condições de realizar todas as operações em apenas uma máquina. Assim, surge a máquina universal de Turing que serviu de base para os primeiros computadores, dez anos depois. Turing gostou muito do tempo que passou em Cambridge. Além do sucesso acadêmico, encontrou ambiente que o apoiava e tolerava sua homossexualidade.

Mas, em 1939, Turing interrompe sua carreira acadêmica, por causa de um convite feito pela Escola de Cifras e Códigos do Governo da Inglaterra para tornar-se criptoanalista. A escola ocupava a mansão Bletchley Park e o objetivo principal da escola era conseguir quebrar as chaves da máquina alemã Enigma.

Os ingleses já possuíamuma réplica da Enigma, graças à traição de um alemão que tinha acesso à máquina. Contudo, isso não era suficiente para decifrar as mensagens cifradas porque o segredo da cifra não estava em manter a máquina em segredo e sim em saber de que forma ela deveria ser ajustada, pois a chave permanecia em segredo.

A busca pela quebra da cifra continuou de forma incansável. Até que Turing toma a iniciativa em seguir os caminhos do matemático polonês Marian Rejewski que tinha quebrado o código da Enigma numa versão mais simples do aparelho e, junto ao esforço dos outros pesquisadores de Bletchley Park, juntos conseguiram decifrar as complicações adicionadas da Enigma. Isso possivelmente alterou o curso da guerra, que em vez de ter terminado em 1948, terminou em 1945.

Scherbius não viveu bastante para ver os sucessos e os fracassos do seu sistema de cifras, pois faleceu em 1929, vítima de um acidente, relatos dizem que a carruagem que dirigia, perdeu o controle e colidiu com um muro causando-lhe algumas lesões internas, que o levaram a óbito.

Alan Turing também não viveu bastante para receber qualquer reconhecimento público. Homossexual assumido, no início dos anos 50 o matemático foi humilhado em público, proibido de trabalhar em projetos de pesquisa

18 Criptografia e Teoria dos Números

relacionados com o desenvolvimento do computador e também o obrigaram a se submeter a um tratamento com hormônios. Deprimido, suicidou-se em 7 de junho de 1954, com apenas 41 anos de idade.

1.1.4. Criptografia Pós-Guerra (RSA)

Sabemos que durante a Segunda Guerra Mundial os decifradores de códigos britânicos levaram a melhor sobre os elaboradores de códigos alemães, tendo no desenvolvimento de algumas máquinas de quebra de códigos pelos pesquisadores em Bletchley Park a contribuição para esta vantagem. E dentre elas está à máquina Colossus, considerada o ancestral do computador. Os criptoanalistas continuaram a desenvolver e empregar tecnologia no computador para auxiliá-los na quebra de todas as cifras, pois estavam explorando a velocidade e flexibilidade dos mesmos para pesquisar todas as possíveis chaves, até que encontrassem a correta. Entretanto, no tempo devido, os criptógrafos começaram a contra-atacar, chegando a explorar o poder do computador para criar cifras mais complexas. O computador desempenhou um papel crucial na batalha entre codificadores e decodificadoresno período pós-guerra.

Usar um computador para cifrar uma mensagem era muito semelhante às formas tradicionais, pois ainda se realizava a cifragem por meio das velhas técnicas da transposição e da substituição, o que era um problema. E, além disso, ainda havia o caso da limitação, pois somente os militares possuíam um computador.

Na década de 1960 os computadores ficaram mais poderosos e ao mesmo tempo mais baratos. Com isso, as empresas passaram a comprar e manter computadores, utilizando-os para cifrar comunicações importantes, tais como transferências de dinheiro e negociações comerciais. Assim, mais empresas passaram a adquirir os computadores e as cifragens entre as comunicações se difundiram. Dessa maneira, os criptógrafos se viram confrontados com um novo problema que não existia quando a criptografia era um privilégio do governo e dos militares. Uma das principais preocupações era a questão da padronização, pois uma empresa possui dois sistemas decifragem: um para comunicações internas e outro paracomunicações externas.

Um dos fatores cruciais que determinam a força de qualquer cifra é o número de chaves possíveis. Porque se um criptoanalista for decifrar uma mensagem, deve verificar todas as possíveis chaves; quanto maior for o número de possibilidades, mais tempo será necessário para encontrar a certa. Por isso, os militares e o governo têm sido capazes de enfrentar o problema da distribuição de chaves investindo em recursos para que suas mensagens tenham uma distribuição segura.

Na tentativa de solucionar o problema da distribuição de chaves[1], surge um dos criptógrafos mais entusiasmado da sua geração, Whitfield Diffie. Diffie nasceu em 1944, fascinado desde criança por matemática, graduou-se nessa ciência, aos 21 anos de idade, no Instituto de Tecnologia de Massachussets (MIT). Depois de formado trabalhou em empresas relacionadas à segurança de computadores, chegando a se tornar um especialista nesta área.

Em setembro de 1974, Diffie em visita ao laboratório Thomas J. Watson, da IBM, é convidado a dar uma palestra sobre as várias tentativas que tinha realizado em busca de solução para o problema da distribuição de chaves. Ao término da palestra, Alan Konheim, especialista em criptografia da IBM, comenta com Diffie que em outra oportunidade, outro convidado também mostrou grande interesse nesta área. Tratava-se de Martin Hellman, nascido em 1945, professor da Universidade de Stanford, na Califórnia.

Após saber do interesse de Martin Hellman por solucionar o problema da distribuição de chaves, Diffie ligou imediatamente para Hellman e os dois

---

[1] Quando pensamos no problema da distribuição de chaves, é útil considerar Alice, Bob e Eva, três personagens fictícios que se tornaram um padrão na criptografia.

passaram a trabalhar juntos, na tentativa de solucionar o problema da distribuição de chaves, resolveram concentrar suas pesquisas no exame de várias funções matemáticas. Mais tarde junta-se a eles Ralph Merkle, nascido em 1952, que abandonou um grupo de pesquisa pois o chefe não nutria o desejo de resolver o problema da distribuição de chaves, sendo Diffie e Hellman os que receberam todos os méritos pela pesquisa.

Diffie e Hellman não estavam interessados em funções de mão dupla porque é fácil fazê-las e desfazê-las, mas sim em funções de mão única porque uma função de mão única é fácil de fazer, mas muito difícil de desfazer e dessa forma, Diffie e Hellman tinham proposto - mesmo que em teoria - o método de cifra assimétrica.

Até agora, todos os métodos de cifragem descritos neste livro foram simétricos, ou seja, a chave utilizada para codificar é a mesma para decodificar. Por outro lado, no método de chave assimétrica a chave de cifragem e a chave de decifragem não são idênticas. Esta distinção entre a cifragem e a decifragem é o que torna a cifra assimétrica tão especial, fazendo com que chegasse a revolucionar o mundo da criptografia. Então, Diffie e Hellman tinham convencido o resto do mundo que havia uma solução para o problema de distribuição de chave. Continuaram suas pesquisas na tentativa de encontrar uma função de mão única especial que tornasse realidade a cifra assimétrica. Contudo, não conseguiram fazer esta descoberta. A corrida para encontrar a solução para a cifra assimétrica foi vencida por um trio de pesquisadores: Ron Rivest, Adi Shamir e Leonard Adleman, os dois primeiros cientistas da computação e o terceiro um matemático, todos pesquisadores do Laboratório de Ciência de Computação do Instituto de Tecnologia de Massachussets (MIT).

Adleman foi em grande parte o responsável por detectar as falhas nas ideais de Rivest e Shamir, garantindo a estes que não perdessem tempo em pistas falsas, pois eles apresentavam as novas ideias e cabia a Adleman verificá-las, derrubando-as uma por uma até que em abril de 1977, Rivest chegando em sua casa por volta da meia-noite, ainda sem sono, resolveu ler um livro de matemática e começou a pensar sobre a possibilidade de encontrar uma função de mão única para solucionar a cifra assimétrica. Passou o restante da noite formalizando a ideia e escrevendo um trabalho científico completo antes do amanhecer. Rivest fez a descoberta, após um ano de pesquisa em colaboração com Shamir e Adleman e de fato não teria obtido êxito sem a contribuição deles. Concluiu o trabalho citando os autores, em ordem alfabética: Adleman, Rivest e Shamir (ARS).

No dia seguinte, Rivest entregou o trabalho a Adleman para revisão e identificação de possíveis falhas, como era de costume, só que desta vez, Adleman não conseguiu encontrar nenhuma. Sua única crítica foi quanto a lista de autores, Adleman queria que Rivest tirasse seu nome do trabalho alegando que os créditos pela descoberta não eram seus e sim dele. Mas Rivest se recusou e então começaram uma discussão que não resultou em nada, além de um acordo onde cada um iria para sua casa enquanto o próprio Adleman examinaria melhor o trabalho durante a noite. No dia seguinte, Adleman sugere então a Rivest que ele fosse o terceiro autor. E assim o sistema de criptografia assimétrico recebeu a sigla de RSA (Rivest, Shamir, Adleman) em oposição a ARS, tornando-se a cifra mais influente da Criptografia moderna e hoje mais conhecida como criptografia de chave pública.

Nosso interesse neste momento é apenas mostrar a criação do método RSA e não analisar com maiores detalhes sua estrutura conceitual e seu funcionamento e segurança. Deixaremos isso tudo para mais adiante.

1.2. EXERCÍCIOS

1. [FCC – TRT/24ª região, técnico judiciário/operação de computador, 2006] Um texto cifrado pelo código de César é um exemplo de criptografia do tipo.

   a. Substituição monoalfabética.

   b. Substituição polialfabética.

   c. Assimétrica.

   d. Transposição.

   e. Quântica.

2. [FCC – TRF/5ª região, analista judiciário/informática, 2003] Os algoritmos de criptografia assimétrica utilizam:

   a. Uma mesma chave privada, tanto para cifrar quanto para decifrar.

   b. Duas chaves privadas diferentes, sendo uma para cifrar e outra para decifrar.

   c. Duas chaves públicas diferentes, sendo uma para cifrar e outra para decifrar.

   d. Duas chaves, sendo uma privada para cifrar e outra pública para decifrar.

   e. Duas chaves, sendo uma pública para cifrar e outra privada para decifrar.

Capítulo 1: Introdução à Criptografia   **23**

3. Utilize o método de transposição "Cerca de Ferrovia" para decifrar as mensagens abaixo:

   a. AAEAIALNAMTMTCEID

   b. SOUSLAOMRALIIHDAO

   Observação: Quando a mensagem cifrada tiver um número ímpar de letras, a linha superior terá uma letra a mais que a inferior. Mas quando esse número de letra for par, as linhas possuirão a mesma quantidade de letras. Lembre-se que a primeira letra e alocada na parte superior da linha.

4. Decifrar as mensagens através do método retangular.

   a. ORED#UOSCREDONEGSDINSICM#TVIO#OLAAA. (A Palavra chave é EDITORA)

   b. NEVIHEIAIAARMMMOAUT#. (A Palavra chave é PODER.)

   c. MVAAAUEET#OARBIEOSSO. (A Palavra chave é PERI.)

   d. AIINEIDARHMOEFAAA#LOIDR#. (A Palavra chave é AMOR.)

5. Decifrar as mensagens através do método da Cifra de César.

   a. SULQFLSHGRVDPDDGRUHV.

   b. QDRGHVLVWDGDPDWHPDWLPD.

24 Criptografia e Teoria dos Números

6. Decifrar as mensagens através do método da Cifra de Vigenère

    a. UWIQTDWNYRJEDWRRNLLS. (A Palavra chave é URIELSON.)

    b. OHWEULDIAPYOAVFE. (A Palavra chave é ADELAIDE.)

    c. HHEQDLWENDYITK. (A Palavra chave é EDMILSON.)

7. Refaça os exercícios 4 e 6, utilizando uma palavra chave que achar conveniente. O objetivo é observar que agora haverá outra forma de mensagem cifrada.

Capítulo 2

INTRODUÇÃO À TEORIA DOS NÚMEROS

Relembraremos algumas definições e conceitos da teoria dos números e, assim, formaremos o alicerce indispensável para a compreensão dos algoritmos apresentados posteriormente assim, iniciaremos o trabalho em criptografia RSA.

2.1. DIVISIBILIDADE

2.1.1. Conceitos Fundamentais e Divisão com Resto

Princípio da Boa Ordenação (PBO)

Todo subconjunto não vazio de inteiros positivos possui um menor elemento.

O PBO diz que se S é um conjunto não vazio dos inteiros positivos, então existe um $s_0 \in S$ tal que $s_0 \leq s$, para todo $s \in S$.

Veremos agora a definição de divisibilidade, muito importante na teoria dos números e em seguida mostraremos um teorema que será um bom exercício para entendermos tal conceito.

Definição 2.1.

Sejam a e b inteiros, com $a \neq 0$. Se existir um inteiro c tal que $b = ac$, diremos que a divide b, ou b é múltiplo de a.

Notação 2.2.

$a|b$ indica que a divide b e a negação, a não divide b, é indicada por $a \nmid b$.

Teorema 2.3.

Sejam a, b e c números inteiros. Então:

I. $a|0$ e $a|a$

II. Se $a|b$ e $b|c$ então $a|c$

III. Se $a|b$ e $a|c$ então $a|(b+c)$ e $a|(b-c)$

IV. Se a e b são positivos e $a|b$ então $0 < a \leq b$

Demonstração.

I. De fato, $0 = a \cdot 0$ e segue da definição que $a \mid 0$. Também, como $1 = a \cdot 1$, segue da definição que $a|a$.

II. De fato, se $a|b$ e $b|c$ então existem inteiros $q_1, q_2 \in \mathbb{Z}$ tais que

$b = aq_1$ (1) e $c = bq_2$ (2).

Substituindo (1) em (2) temos que $c = a(q_1 q_2)$ (3). Portanto, segue da definição que $a \mid b$.

III. De fato, se $a|b$ e $a|c$ então existem inteiros $q_1, q_2 \in \mathbb{Z}$ tais que $b = aq_1$ (4) e $c = aq_2$ (5).

Operando com ambos os lados das igualdades (4) e (5) temos que $b + c = a(q_1 + q_2)$, daqui, segue da definição que $a|(b+c)$.

E

$b - c = a(q_1 - q_2)$, daqui, segue que da definição que $a|(b-c)$.

Capítulo 2 : Introdução à Teoria dos Números   **29**

IV. De fato $a|b$, sendo ambos positivos, então $b = aq$ com $q \geq 1$ (6),

Logo, multiplicando por a ambos os lados de (6) temos (como a é positivo) que $b = aq \geq a > 0$ concluindo o resultado desejado.

■

Exemplo 2.4.

1. Sejam a, b e c números inteiro. Mostre que:

  a. Se $a|b$ então $a|bc$.

Solução:

$a|b \Rightarrow b = aq$,(1) com $q \in \mathbb{Z}$. Multiplicando (1) por c, temos: $bc = acq = a(cq) \Rightarrow a \mid bc$.

  b. $a|b$ se somente se $ac|bc$.

Solução:

$a|b \Leftrightarrow b = aq \Leftrightarrow bc = aqc$, (esta implicação só e válida para $c \neq 0$).

Portanto, $bc = (ac) \, q \Leftrightarrow ac|bc$.

2. Verifique se as sentenças são verdadeiras ou falsas.

  a. Se $a|c$ e $b|c$ então $a|b$.

Solução:

Temos $2|6$ e $3|6$, mas $2 \nmid 3$. Logo, a sentença é falsa.

  b. Se $a|(b + c)$ então $a|b$ ou $a|c$.

Solução:

$3|9 \Leftrightarrow 3|(4 + 5)$, mas $3 \nmid 4$ e $3 \nmid 5$. Logo, a sentença é falsa.

Teorema 2.5 (Algoritmos da Divisão).

Sejam a e b inteiros positivos. Então, existem números inteiros (únicos) q e r tais que $a = bq + r$, com $0 \leq r < b$.

Demonstração.

Existência.

Consideremos o conjunto $S = \{(a - bk) \in \mathbb{Z}; (a - bk) \geq 0\}$.

Se $0 \in S$, existe $q \in \mathbb{Z}$ tal que $a - bq = 0$. Fazendo $r = 0$ o algoritmo está provado.

Se $0 \notin S$ vamos aplicar o PBO.

Para isto temos que provar que $S \neq \emptyset$.

Se $a > 0, a - b0 = a > 0$ e então $S \neq \emptyset$

Se $a < 0, a - b2a = a(1 - 2b) > 0$ e então $S \neq \emptyset$

Pelo PBO, S possui um menor elemento que chamaremos de r. Assim, existem $q, r \in \mathbb{Z}$ tais que $a - bq = r$ e r é o menor elemento S e $r > 0$. Só falta provar que $r < b$. E provaremos por contradição. Vamos supor que $r \geq b$.

Primeiro, Se $r = b$, temos:

$$a - bq = r = b \Rightarrow a - bq = b \Rightarrow a - (bq + 1) = 0.$$

Isto indica que $0 \in S$, o que acontece neste caso.

Agora se $r>b$,

$$a - bq = r > b \Rightarrow a - bq - b > 0 \Rightarrow a - (bq + 1) > 0.$$

Chamando, $a - b(q + 1) = r'$, isto quer dizer r' pertence a S o que é um absurdo, pois aí, r' é menor que $r = a - bq$, contradizendo assim minimalidade de r.

Portanto, temos garantido a existência de q e r inteiro.

Unicidade.

Mostraremos por contradição. Suponhamos que haja dois pares diferentes de números inteiros q, r e q_1, r_1 que verifiquem as condições do teorema, isto é,

$$a = bq + r, \text{ com } 0 \leq r < b \text{ e } a = bq_1 + r_1, \text{ com } 0 \leq r_1 < b.$$

Combinando as duas equações, temos:

$$bq + r = bq_1 + r_1 \Rightarrow r - r_1 = b(q_1 - q).$$

Isso significa que $r - r_1$ é múltiplo de b. Tenhamos em mente, entretanto, que $0 \leq r, r_1 < b$. A diferença entre dois números em $\{0, 1, \cdots, b-1\}$ pode ser no máximo $b-1$. Assim, a única maneira para que $r - r_1$ possa ser um múltiplo de b é se $r - r_1 = 0 \Rightarrow r = r_1$.

Agora que sabemos que $r = r_1$, voltemos nossa atenção para q e q_1 como $bq + r = a = bq_1 + r_1 = bq_1 + r$.

Podemos subtrair r de ambos os membros, obtendo $bq = bq_1$, e como $b \neq 0$, podemos cancelar b em ambos os membros obtendo $q = q_1$.

Portanto, mostramos que esses dois pares diferentes de números, q, r e q_1, r_1 têm $q = q_1$ e $r = r_1$, uma contradição. Portanto, o quociente e o resto são únicos.

■

32 Criptografia e Teoria dos Números

Exemplo 2.6.

1. Sejam $a = 23$ e $b = 10$, determine o quociente q e o resto r.

   Então, pelo algoritmo da divisão temos $23 = 2 \cdot 10 + 3$ com $0 \leq 3 < 10$. Logo, $q = 2$ e $r = 3$.

2. Sejam $a = -37$ e $b = 5$.

   Então, o quociente $q = -8$ e o resto $r = 3$, porque pelo algoritmo da divisão temos $-37 = -8 \cdot 5 + 3$ com $0 \leq 3 < 5$.

3. Na divisão de dois inteiros positivos o quociente é 16 e o resto é o maior possível. Determine os dois inteiros, sabendo-se que a sua soma é 341.

Solução:

Sejam A, o dividendo e B o divisor e como o resto é o maior possível, então $r = B - 1$. Pelo algoritmo da divisão, temos:

$$A = 16B + r = 16B + B - 1 \Rightarrow A = 17B - 1.$$

Mas, $A + B = 341$ então $17B - 1 + B = 341 \Rightarrow 18B = 341 \Rightarrow B = 19$.

E $A = 17B - 1 = 17 \cdot 18 - 1 = 323 - 1 = 322$.

Portanto, os dois inteiros são $A = 322$ e $B = 19$.

2.1.2. Máximo Divisor Comum

Definição 2.7 (Divisor Comum).

Sejam $a, b \in \mathbb{Z}$. Dizemos que d é um divisor comum de a e b se $d|a$ e $d|b$.

Exemplo 2.8.

Os números 30 e 24 possuem como divisores comuns $-6, -3, -2, -1$, 1, 2, 3 e 6.

Definição 2.9 (Máximo Divisor Comum).

Sejam a e b inteiros diferentes de zero. O máximo divisor comum, (mdc) entre a e b é o número d, que satisfaz as seguintes condições:

1. d é um divisor comum de a e b, isto é, $d \mid a$ e $d \mid b$;

V. d é o maior inteiro positivo com a propriedade I.

Por exemplo, o máximo divisor comum de 30 e 24 é 6; escrevemos por $mdc\,(30,24) = 6$. Também, $mdc\,(-30, -24) = 6$.

Notação 2.10.

Denota-se por $d = mdc(a, b)$ ou por $d = (a, b)$ o mdc entre a e b.

O lema abaixo apresenta um resultado que nos auxiliará na demonstração do Algoritmo de Euclides.

Lema 2.11.

Sejam a e b números inteiros positivos. Se existem inteiros q e c tais que $a = bq + c$. Então, o conjunto dos divisores comuns dos números a e b coincide com o conjunto dos divisores comuns dos números b e c. Particularmente, temos:

$$mdc\ (a, b) = mdc\ (b, c).$$

Demonstração.

Usando o item III do teorema 2.3 temos que todo divisor comum de a e b também divide c e, consequentemente, é um divisor de b e c. Pela mesma razão todo divisor comum de b e c também divide a e, consequentemente, é um divisor de a e b. Portanto, os divisores comuns de a e b são os mesmos divisores de b e c. Particularmente, também coincidem os maiores divisores comuns, ou seja, $mdc\ (a, b) = mdc(b, c)$.

■

Teorema 2.12 (Algoritmo de Euclides).

Dados dois inteiros positivos a e b, aplicamos sucessivamente o algoritmo da divisão para obter a sequência de igualdades.

$$\begin{cases} b = aq_1 + r_1 & 0 \le r_1 < a \\ a = r_1 q_2 + r_2 & 0 \le r_2 < r_1 \\ r_1 = r_2 q_3 + r_3 & 0 \le r_3 < r_2 \\ r_2 = r_3 q_4 + r_4 & 0 \le r_4 < r_3 \\ \vdots \quad \vdots \quad \vdots & \vdots \quad \vdots \\ r_{n-2} = r_{n-1} q_n + r_n & 0 \le r_n < r_{n-1} \\ r_{n-1} = r_n q_{n-1} \end{cases} \qquad (1)$$

Ou seja, o $mdc\ (a,b) = r_n$, é o último resto não nulo no processo de divisão anterior.

Demonstração.

Começaremos observando que o processo de divisão em (1) é finito. Com efeito, a sequência de números inteiros r_k é estritamente decrescente e está contida no conjunto $\{r \in \mathbb{Z}, 0 \leq r < a\}$, portanto não pode conter mais do que a inteiros positivos. Examinando as igualdades em (1) de cima para baixo e usando o lema anterior temos que:

$$(a, b) = (a, r_1) = (r_1, r_2) = \cdots = (r_{n-1}, r_n) = r_n$$

Portanto, o máximo divisor comum de a e b é o último resto não nulo da sequência de divisões descrita.

∎

Exemplo 2.13.

Determine o máximo divisor comum entre 306 e 657 pelo algoritmo de Euclides.

Solução:

Iremos usar o processo das divisões sucessivas para que possamos entender os valores dispostos na expressão (1) do teorema 2.12. Então, pelas divisões sucessivas temos:

$$\begin{cases} 657 = 306 \cdot 2 + 45 & 0 \leq 45 < 306 \\ 306 = 45 \cdot 6 + 36 & 0 \leq 36 < 45 \\ 45 = 36 \cdot 1 + 9 & 0 \leq 9 < 36 \\ 36 = 9 \cdot 4 + 0 & \end{cases}$$

Como chegamos ao resto zero, então o $mdc\ (306, 657) = 9$, pois é o último resto não nulo do processo de divisões sucessivas.

Teorema 2.14 (Algoritmo Euclidiano Estendido).

Sejam a e b inteiros positivos e seja d o máximo divisor comum entre a e b. Existem inteiros α e β tais que $\alpha \cdot a + \beta \cdot b = d$.

Demonstração.

Primeiramente, vamos calcular o $mdc\,(a, b)$. Utilizando o Algoritmo Euclidiano, obtemos, a sequência de divisões abaixo:

$$a = bq_1 + r_1 \qquad \text{e} \qquad r_1 = ax_1 + by_1$$

$$b = r_1 q_2 + r_2 \qquad \text{e} \qquad r_2 = ax_2 + by_2$$

$$r_1 = r_2 q_3 + r_3 \qquad \text{e} \qquad r_3 = ax_3 + by_3$$

$$\vdots \qquad\qquad\qquad \vdots$$

$$r_{n-3} = r_{n-2} q_{n-2} + r_{n-1} \quad \text{e} \quad r_{n-1} = ax_{n-1} + by_{n-1}$$

$$r_{n-2} = r_{n-1} q_n \qquad\quad \text{e} \qquad\quad r_n = 0$$

Os $x_1, \cdots, x_{n-1}$ e $y_1, \cdots, y_{n-1}$ são inteiros a determinar.

Coloquemos os dados obtidos em tabela:

Restos	Quocientes	x	y
a	*	x_{-1}	y_{-1}
b	*	x_0	y_0
r_1	q_1	x_1	y_1
r_2	q_2	x_2	y_2
$\vdots$	$\vdots$	$\vdots$	$\vdots$
r_{n-1}	q_{n-1}	x_{n-1}	y_{n-1}

Embora a e b não sejam restos, as duas primeiras linhas da tabela são convenientes, pois nos ajudam a desenvolver o algoritmo. Sendo assim, chamá-las-emos de linhas -1 e 0 (zero).

Vamos desenvolver um algoritmo para determinar as colunas de x e y, utilizando somente duas linhas sucessivas. Para tanto, é necessário imaginar que recebemos a tabela preenchida até certo ponto. Por

Capítulo 2 : Introdução à Teoria dos Números   37

exemplo, chegamos a $j - ésima$ linha. Nessa linha temos r_{j-2} dividido por r_{j-1}, ou seja,

$$r_{j-2} = r_{j-1} q_j + r_j \Rightarrow r_j = r_{j-2} - r_{j-1} q_j \qquad (2)$$

Analisando as duas linhas anteriores que são, a $(j-1) - ésima$ linha e $(j-2) - ésima$ linha, encontramos $x_{j-1}, y_{j-1}, x_{j-2}, y_{j-2}$, sendo,

$$r_{j-1} = ax_{j-1} + by_{j-1} \text{ e } r_{j-2} = ax_{j-2} + by_{j-2} \qquad (3)$$

Substituindo (3) em (2), temos:

$$r_j = ax_{j-2} + by_{j-2} - (ax_{j-1} + by_{j-1}) q_j$$

$$= a(x_{j-2} - x_{j-1}q_j) + b(y_{j-2} - y_{j-1}q_j)$$

Logo, podemos tomar,

$$x_j = x_{j-2} - x_{j-1}q_j \text{ e } y_j = y_{j-2} - y_{j-1}q_j$$

Temos, portanto que para calcular qualquer x_j e y_j da tabela, utilizando apenas as duas linhas anteriores $j-2$ e $j-1$ e o quociente da linha j. Para iniciarmos o processo, é necessário ter x_j e y_j de duas linhas sucessivas e é aqui que utilizamos as duas convenientes primeiras linhas:

$$a = ax_{-1} + by_{-1} \text{ e } b = ax_0 + by_0$$

Nesse caso, os valores triviais para x_{-1}, y_{-1}, x_0, y_0 são $x_{-1} = 0, y_{-1} = 0$ e $x_0 = 0, y_0 = 1$. Assim, podemos dar início ao processo e, após executar o algoritmo, tendo descoberto o $d = mdc(a, b)$, ou seja, $d = r_{n-1}$, obtemos:

$$d = r_{n-1} = ax_{n-1} + by_{n-1}, \text{ ou seja, } \alpha = x_{n-1} \text{ e } \beta = y_{n-1}.$$

Exemplo 2.15.

Sejam $a = 1234$ e $b = 54$. Determine α e β tal que $\alpha \cdot a + \beta \cdot b = mdc(a,b)$.

Solução:

Primeiramente,

$$1234 = 54 \cdot 22 + 46 \Rightarrow 46 = 1234 - 54 \cdot 22$$

$$54 = 46 \cdot 1 + 8 \Rightarrow 8 = 54 - 46 \cdot 1$$

$$46 = 8 \cdot 5 + 6 \Rightarrow 6 = 46 - 8 \cdot 5$$

$$8 = 6 \cdot 1 + 2 \Rightarrow 2 = 8 - 6 \cdot 1$$

Logo, o $mdc\ (1234, 54) = 2$ é o último resto não nulo no processo descrito anteriormente.

Agora vamos determinar α e β através do algoritmo euclidiano estendido:

$$2 = 8 - 1 \cdot 6 = 8 - 1 \cdot (46 - 8 \cdot 5) = (-1) \cdot 46 + 6 \cdot 8$$
$$= (-1) \cdot 46 + 6 \cdot (54 - 46 \cdot 1) = 6 \cdot 54 + (-7) \cdot 46$$
$$= 6 \cdot 54 + (-7) \cdot (1234 - 54 \cdot 22) = 6 \cdot 54 + (-7) \cdot 1234 + 54 \cdot 154$$
$$= (-7) \cdot 1234 + (160) \cdot 54$$

Portanto, temos $2 = (-7) \cdot a + (160) \cdot b$. Logo, $\alpha = -7$ e $\beta = 160$.

Este teorema será de suma importância para o cálculo de um dos elementos da chave privada do método RSA.

2.1.3. Números Primos

Definição 2.16 (Números Primos).

Diz-se que um número inteiro é primo se, e somente se, satisfaz as seguintes condições:

1. $p \neq 0$ e $p \neq \pm 1$

2. Os únicos divisores de p são $-1, 1, -p$ e p.

Se p não é primo, então p é dito composto.

Se o $mdc\ (a, b) = 1$, então dizemos que a e b (este b é do Equation) primos entre si ou co-primos.

Lema 2.17.

Sejam a, b e c inteiros positivos e suponhamos que a e b são primos entre si. Então:

1. Se b divide o produto ac então b divide c.

2. Se a e b dividem c então o produto ab divide c.

Demonstração.

1. Por hipótese a e b são primos entre si, então o $mdc\ (a, b) = 1$. Pelo algoritmo euclidiano estendido, existem α e β tais que, $\alpha \cdot a + \beta \cdot b = 1$ (4).

   Multiplicaremos a equação (4) por c, obtemos:

   $$\alpha \cdot a \cdot c + \beta \cdot b \cdot c = c$$

Como b divide ac por hipótese do item 1 deste lema, e aí temos que b divide βbc, então b divide c, como queríamos demonstrar.

2. Se a divide c, podemos escrever $c = at$ para algum inteiro t. Mas b também divide c. Como $mdc\ (a, b) = 1$, segue da afirmação 1, que b divide t. Logo, $t = bk$ para algum k e, portanto, segue que $c = at = a(bk) = (ab)k$.

Temos que ab divide c, como queríamos demonstrar

■

As duas partes deste lema são usadas na demonstração de uma propriedade muito importante dos números primos.

2.1.3.1. Teorema Fundamental da Aritmética

Comecemos enunciando um lema que estabelece a propriedade fundamental dos números primos:

Lema 2.18.

Seja p um número primo e a, b inteiros positivos. Se p divide o produto ab, então p divide a ou p divide b.

Demonstração.

Se $p|ab$, então existe c tal que $ab = pc$. Vamos supor $p \nmid a$, então o mdc $(a, p) = 1$. Assim, existem $m, n \in \mathbb{Z}$, tais que $an + pm = 1$. (1)

Multiplicando por b em ambos os lados da equação (1), temos:

$b = ban + bpm$. Substituindo ba por pc nesta última igualdade, segue

$b = pcn + bpm = p(cn + bm)$ e portanto $p|b$.

Se $p \mid ab$, então existe d tal que $ab = pd$. Vamos supor $p \nmid b$, então o $mdc\,(b, p) = 1$. Assim, existem $m, n \in \mathbb{Z}$, tais que $bn + pm = 1$. (2)

Multiplicando por a em ambos os lados da equação (2), temos:

$a = abn + apm$. Substituindo ab por pd nesta última igualdade, segue $a = pdn + apm = p(dn + am)$ e portanto $p \mid a$.

■

Teorema 2.19 (Teorema Fundamental da Aritmética).

Dado um inteiro positivo $n \geq 2$ podemos sempre escrevê-lo de modo único, na forma:

$$n = p_1^{\alpha_1} \cdot p_2^{\alpha_2} \cdots p_k^{\alpha_k}$$

Onde $1 < p_1 < p_2 < \cdots < p_k$ são números primos e $\alpha_1, \alpha_2, \cdots, \alpha_k$ são inteiros positivos.

Demonstração.

Existência.

Seja n um inteiro maior que 1. Denotando por p_1 seu menor divisor primo tem-se que

$n = p_1 \cdot f_1$ com $1 \leq f_1 < n$.

Se $f_1 = 1$, então $n = p_1$ e a fatoração desejada é obtida. Caso contrário, denotando por p_2 o menor primo que é fator de f_1. Tem-se que

$n = p_1 \cdot p_2 \cdot f_2$ com $1 \leq f_2 < f_1$

Se $f_2 = 1$, então $n = p_1 \cdot p_2$. É novamente a fatoração desejada. Caso contrário, denotando por p_3 o menor primo que é fator de f_2, tem-se que

$$n = p_1 \cdot p_2 \cdot p_3 \cdot f_2 \text{ com } 1 \leq f_3 < f_2$$

Continuando esse processo sucessivamente, obtemos então uma sequência estritamente decrescente de números inteiros positivos.

$$n > f_1 > f_2 > f_3 > \cdots > f_n > f_{n+1} > \cdots \geq 1$$

Então, só pode existir uma quantidade finita de índices n, tais que $f_n > 1$ e consequentemente $f_{n+1} = 1$ de onde segue que $n = p_1 \cdot p_2 \cdot \cdots \cdot p_n$.

Notemos que na representação acima os p_i's podem se repetir, produzindo finalmente a representação desejada.

Unicidade.

A demonstração será por contradição.

Seja n o menor inteiro positivo que admite duas fatorações distintas.

$$n = p_1^{\alpha_1} \cdot p_2^{\alpha_2} \cdot p_3^{\alpha_3} \cdot \cdots \cdot p_m^{\alpha_m} = q_1^{\beta_1} \cdot q_2^{\beta_2} \cdot q_3^{\beta_3} \cdot \cdots \cdot q_s^{\beta_s}$$

Onde $p_1 < p_2 < \cdots < p_m$ e $q_1 < q_2 < \cdots < q_s$ são primos e $\alpha_1, \alpha_2, \cdots, \alpha_m$ e $\beta_1, \beta_2, \cdots, \beta_s$ são inteiros positivos.

Como p_1 divide n, pela propriedade fundamental dos primos apresentada no lema 2.18, logo p_1 deve dividir um dos fatores do produto da direita. Mas um primo só pode dividir outro se forem iguais. Então, $p_1 = q_j$ para algum j entre 1 e s. Logo,

$$n = p_1^{\alpha_1} \cdot p_2^{\alpha_2} \cdot \cdots \cdot p_m^{\alpha_m} = q_1^{\beta_1} \cdot q_2^{\beta_2} \cdot \cdots \cdot q_j^{\beta_j} \cdot \cdots \cdot q_s^{\beta_s}$$

$$= q_1^{\beta_1} \cdot q_2^{\beta_2} \cdot \cdots \cdot p_1^{\beta_j} \cdot \cdots \cdot q_s^{\beta_s}$$

Cancelando então p_1 que aparece, em ambos os lados da equação, obtemos,

$$m = p_1^{\alpha_1 - 1} \cdot p_2^{\alpha_2} \cdot \cdots \cdot p^{\alpha_m} = q_1^{\beta_1} \cdot \cdots \cdot p_1^{\beta_j - 1} \cdot \cdots \cdot q^{\beta_s}$$

Onde, m é um número menor que n que apresenta duas fatorações distintas. Absurdo, pois isto contraria a minimalidade de n, confirmando que a fatoração é única.

■

Mesmo na era da matemática computacional, até hoje um dos procedimentos matemáticos mais difíceis é o de fatorar um número arbitrariamente grande, e cabe ressaltar que os resultados mais importantes aconteceram em aplicações práticas da teoria dos números, e não no desenvolvimento da teoria. Na tentativa de solucionar o problema de fatoração de números grandes existem intensas pesquisas matemáticas.

Iremos nos restringir em abordar apenas um processo de fatoração. O algoritmode fatoração, criado por Fermat, que é bastante eficiente quando não há um fator primo próximo de $\sqrt{n}$.

2.1.3.2. Fatoração pelo Método de Fermat

Iniciaremos supondo que n seja ímpar, porque se n fosse par, então 2 é um de seus fatores. A ideia é tentar determinar números inteiros positivos x e y tais que $n = x^2 - y^2$.

Suponhamos que estes números foram encontrados, temos:

$$n = x^2 - y^2 = (x - y) \cdot (x + y)$$

Logo, os fatores de n são $(x-y)$ e $(x+y)$.

44 Criptografia e Teoria dos Números

Notação 2.20.

Seja $r \in \mathbb{R}$, sua parte inteira será denotada por $\lfloor r \rfloor$. É claro que, se r for um número inteiro então $\lfloor r \rfloor = r$.

Exemplo 2.21.

$$\lfloor \sqrt{125} \rfloor = 11 \text{ e } \lfloor \pi \rfloor = 3.$$

Assumiremos que exista um algoritmo que calcule a raiz quadrada de n, para que possamos aplicar o algoritmo de Fermat. Na verdade, é suficiente obter a parte inteira de $\sqrt{n}$, este valor é tomado porque pelo menos um dos fatores, no caso $(x - y) \leq \sqrt{n}$; então x é incrementado de 1 a 1, até que seja encontrado um valor inteiro para $y = \sqrt{x^2 - n}$, então são encontrados os valores dos $(x+y)$ e $(x-y)$. Quando não é encontrado um valor inteiro para y, o número é primo, e o algoritmo, neste caso é finalizado para $x = \frac{(n+1)}{2}$.

Vejamos um exemplo para ilustrar o algoritmo.

Exemplo 2.22.

Fatore o número $n=32881$ usando o algoritmo de Fermat.

Solução:

Como $\sqrt{32881} = 181,331\ldots$ a parte inteira da raiz quadrada é $\lfloor 181,331\ldots \rfloor = 181$.

Devemos iniciar o cálculo na tabela começando pelo valor $181 + 1 = 182$. Portanto, os fatores são

x	$y = \sqrt{x^2 - n}$
182	15,58
183	24,65
184	31,22
185	36,66
186	41,41
187	45,65
188	49,62
189	53,29
190	56,73
191	60

Sendo assim $x = 191$ e $y = 60$ são os valores desejados. Os fatores correspondentes são $x + y = 191 + 60 = 251$ e $x - y = 191 - 60 = 131$.

Demonstração do Algoritmo de Fermat.

O funcionamento do algoritmo de Fermat ainda não ficou muito claro, mesmo porque ele cessa. Observamos que devemos considerar dois casos: um quando n é composto e outro quando n é primo. No primeiro caso, se mostrarmos que existe um inteiro $x > \lfloor \sqrt{n} \rfloor$ tal que $\lfloor \sqrt{x^2 + n} \rfloor$ é um inteiro menor que $\frac{(n+1)}{2}$; isto significa que se n é composto, então o algoritmo cessa antes de chegar a $\frac{(n+1)}{2}$. No segundo caso, se n é primo, então se verifica que o único valor de x possível é $\frac{(n+1)}{2}$.

Supondo que n pode ser fatorado na forma de $n = ab$ onde $a \leq b$, desejamos obter inteiros positivos x e y tais que $n = x^2 - y^2$. Em outras palavras

$$n = ab = (x - y) \cdot (x + y) = x^2 - y^2.$$

Como $x - y \leq x + y$, tomemos $a = x - y$ e $b = x + y$. Resolvendo este sistema de duas incógnitas, obtemos $x = \frac{a+b}{2}$ e $y = \frac{a-b}{2}$.

De fato, expandindo os produtos notáveis verificamos facilmente que $\left(\frac{a+b}{2}\right)^2 - \left(\frac{b-a}{2}\right)^2 = an = n$ (1).

Observemos que x e y têm que ser números inteiros; $\frac{b+a}{2}$ e $\frac{b-a}{2}$ estão na forma de fração. Porém, n é ímpar, por hipótese. Logo, a e b, que são fatores de n, têm que ser ímpares. Portanto, $b + a$ e $b - a$ são pares, e consequentemente, $\frac{b+a}{2}$ e $\frac{b-a}{2}$ são inteiros.

Como definido anteriormente, $n = ab$ onde $a = x - y$ e $b = x + y$ e $a \leq b$. Se n é primo então $n = 1 \cdot n$, ou seja, só se pode ter $a = 1$ e $b = n$. Com isso, $x = \frac{n+1}{2}$; e este é o único valor possível para x.

Consideremos agora o caso, quando n é composto. Se $a = b$, o algoritmo obtém a resposta desejada já na primeira etapa, caso em que n é um quadrado perfeito. Podemos, então supor que n é composto e não é um quadrado perfeito; isto é, que $1 < a < b < n$. Neste caso, afirmamos que o algoritmo vai parar se forem satisfeitas as desigualdades:

$$\lfloor \sqrt{n} \rfloor \leq \frac{a+b}{2} < \frac{n+1}{2} \ (2)$$

Comprovaremos em duas etapas:

Primeiramente, iremos considerar a desigualdade da parte direita, $\frac{a+b}{2} < \frac{n+1}{2}$. Daí, temos:

$$\frac{a + b}{2} < \frac{n + 1}{2} \Leftrightarrow a + b < n + 1 = ab + 1$$
$$\Leftrightarrow a + b - b - 1 < ab + 1 - b - 1$$
$$\Leftrightarrow a - 1 < ab - b$$
$$\Leftrightarrow 1 < b$$

Este argumento mostra que $1 < b$ é equivalente à desigualdade original. Como $1 < a < b$ vale por hipótese, logo está provado que

$$\frac{a+b}{2} < \frac{n+1}{2}$$

Consideremos agora, a desigualdade da parte esquerda, $\lfloor\sqrt{n}\rfloor \leq \frac{a+b}{2}$ mas vale observar que $\lfloor\sqrt{n}\rfloor \leq \sqrt{n}$. Então, basta verificar que $\sqrt{n} \leq \frac{a+b}{2}$ é verdadeira. Esta desigualdade é equivalente a $n \leq \frac{(a+b)^2}{4}$ portanto basta verificar esta última. Mas por (1), temos $\frac{(a+b)^2}{4} - n = \frac{(b-a)^2}{4}$, que é sempre um número não negativo. Assim obtivemos que $\frac{(a+b)^2}{4} - n \geq 0$, que é equivalente a desigualdade desejada.

Voltando ao algoritmo, a variável x é inicializada com o valor de $\lfloor\sqrt{n}\rfloor$ e vai sendo incrementada de uma unidade a cada laço. Assim a desigualdade (2) garante que, se n for composto, $\frac{(a+b)}{2}$ será alcançada antes que se chegue a $\frac{(n+1)}{2}$. Quando $x = \frac{(a+b)}{2}$,

$$y^2 = \frac{(a+b)^2}{4} - n = \frac{(b-a)^2}{4}$$

Pela identidade (1). Atingindo este laço, o algoritmo para, obtemos a e b como fatores. Portanto, se n é composto, o algoritmo sempre para antes de chegar a $x = \frac{(n+1)}{2}$ tendo determinado os fatores de n.

Este algoritmo nos fornece uma coisa importante para o método RSA, que veremos mais adiante. É que sua segurança está intimamente ligada na dificuldade de fatorar um número n, que é igual ao produto de dois primos grandes, e a impressão que temos é que seja difícil tal fatoração, mas não é bem assim, o algoritmo pode ser implementado se o número a ser fatorado tem dois fatores que estão relativamente próximos à sua raiz quadrada.

48   Criptografia e Teoria dos Números

Embora não seja, segundo os critérios atuais, um processo em tempo polinomial, mas era um algoritmo extremamente forte para as necessidades e possibilidades computacionais da época de Fermat.

Voltaremos a abordar esta questão posteriormente quando formos trabalhar acerca da segurança do método RSA.

■

Teorema 2.23.

Existem infinitos números primos.

Demonstração.

Faremos a prova por redução ao absurdo.

Vamos supor que existe uma quantidade finita de números primos e denotados por $p_1, p_2, p_3 \cdots, p_k$ e suponhamos que $p_1 < p_2 < p_3 < \cdots < p_k$.

Consideremos o número $n = p_1 \cdot p_2 \cdot \cdots \cdot p_k + 1$, que não pode ser primo, pois $n > p_r$. Então, pelo Teorema Fundamental da Aritmética, existe p_j primo, com $1 \leq j \leq r$ tal que $p_j | n$.

Logo, podemos escrever para algum m.

$$n = p_1 \cdot p_2 \cdot \cdots \cdot p_k + 1 = m \cdot p_j \Rightarrow m \cdot p_j - p_1 \cdot p_2 \cdot \cdots \cdot p_k = 1 \Rightarrow$$

$$\Rightarrow 1 = p_j (m - p_1 \cdot p_2 \cdot \cdots \cdot p_{j-1} \cdot p_{j+1} \cdot \cdots \cdot p_r)$$

Ou seja, p_j divide 1, um absurdo.

Capítulo 2 : Introdução à Teoria dos Números   **49**

Logo, temos uma contradição à hipótese de termos uma quantidade finita de primos. Portanto, concluímos que existem infinitos números primos.

Agora que temos conhecimento da existência de infinitos números primos, podemos garantir que existem números primos arbitrariamente grandes, os quais desempenham um papel muito importante na criptografia RSA.

Com a finalidade de encontrar uma regra que rege a quantidade de números primos, Gauss realizou um estudo empírico de tabelas de número primos, estabeleceu uma função de x denotada por $\pi(x)$ a quantidade de números primos que são menores ou iguais a x. Assim, $\pi(13) = 6$, pois existem 6 primos menores que 13 que são: 2, 3, 5, 7, 11, 13. O valor de $\pi(x)$ não muda até que x chegue ao próximo número primo, ou seja, $\pi(13) = \pi(14) = \pi(15) = \pi(16) \neq \pi(17)$. Portanto, $\pi(x)$ aumenta em saltos de 1, mas o intervalo entre um primo e outro é irregular.

Observando os inteiros, conclui-se que os intervalos entre um número primo e outro aumenta. Logo a chance de um inteiro escolhido ser primo diminui à medida que os inteiros se tornam cada vez maiores.

Com essa análise, Gauss estava interessado em saber o que ocorreria para um valor suficientemente grande de x.

Após cuidadoso estudo da tabela de primos chegou à conclusão que para um valor suficientemente grande de x, tinha que, $\pi(x) \sim \dfrac{x}{\ln x}$

Ou seja, $\lim_{x \to \infty} \dfrac{\pi(x) \ln x}{x} = 1$.

Este resultado foi conjecturado originalmente por Gauss e uma prova matemática rigorosa estava muito distante dos recursos da ciência matemática da sua época. Passados quase cem anos, J. Hadamard, em Paris, e C.J. de la Vallée-Poussin, em Londres, o demonstraram no ano de 1896, cada um à sua maneira e sem terem mantido nenhuma espécie de contato entre si.

50 Criptografia e Teoria dos Números

Não demonstraremos o Teorema dos Números Primos, pois essa discussão não cabe aqui. Mas não podemos encerrar nossa discussão acerca da distribuição dos números primos sem mencionarmos alguns dos problemas ainda em aberto:

1. A conjectura dos primos gêmeos: Existem infinitos primos p para o quais $p + 2$ também é primo?

2. A sequência de Fibonacci contém infinitos números primos?

3. A conjectura de Goldbach: Todo número inteiro par maior que 2 é soma de dois primos?

E, finalmente, não podemos deixar de mencionar o mais importante problema em aberto em Teoria dos Números: A Hipótese de Riemann. Seu enunciado encontra-se além do material aqui exposto. Acredita-se que uma vez provada, muitos dos mistérios dos números primos serão revelados.

2.1.3.3. Primos de Fermat e Mersenne

Neste tópico discutiremos duas fórmulas exponenciais de enorme importância histórica. Ambas foram estudadas pelos matemáticos na tentativa de gerar uma fórmula que produzisse números primos arbitrariamente grandes.

As fórmulas são $M_n = 2^n - 1$ e $F_n = 2^{2^n} + 1$ onde n é um inteiro não negativo. Os números da forma M_n são conhecidos por números de Mersenne e os da forma F_n são os números de Fermat.

Primeiramente, faremos uma abordagem sobre os números de Mersenne. Sabemos que eles são gerados pela forma $M_n = 2^n - 1$. Chamamos M_n de $n-ésimo$ número de Mersenne.

Mersenne estava interessado em encontrar números perfeitos, então estudou os inteiros M_n. Como resultado das suas pesquisas, Mersenne fez a seguinte afirmação: todos os números da forma $M_n = 2^n - 1$ são primos quando n assume os seguintes valores 2, 3, 5, 7, 13, 17, 19, 31, 67, 127 e 257; e composto para os outros 44 valores primos de n menores que 257.

O que se observa é que os expoentes aos quais Mersenne se refere, são primos. Pois, se n for composto, então M_n também será composto. Então, enunciaremos este conceito como um teorema.

Teorema 2.23.

Se n não é um número primo, então M_n não é primo.

Demonstração.

Seja $n = rs$, com $r > 1$ e $s > 1$, temos que:
$$M_n = 2^n - 1 = 2^{rs} - 1 = (2^r)^s - 1$$
$$= (2^r - 1) \cdot \left(2^{(s-1)r} + 2^{(s-2)r} + \cdots + 2^r + 1 \right)$$

Portanto, se r divide n, então M_r divide M_n.

∎

Entretanto, a recíproca desse teorema não é verdadeira, ou seja, por outra forma, se n for primo, não garante que M_n seja primo. Sabemos que 11 é primo, mas M_{11} é composto. De fato, $M_{11} = 2^{11} - 1 = 2047 = 23 \cdot 89$. E se observarmos na lista de Mersenne descrita anteriormente, o número 11 está incluídona lista dos 44 compostos.

Mais tarde percebeu-se que Mersenne tinha cometido dois enganos: o primeiro foi de ter incluído M_{67} e M_{257} na sua lista de primos, e o outro de ter excluído dessa lista M_{61}, M_{89} e M_{107}.

52 Criptografia e Teoria dos Números

Abordaremos agora os números de Fermat, os quais são gerados a partir da forma $F_n = 2^{2^n} + 1$. Então, Fermat calculou e observou os números F_0, F_1, F_2, F_3, F_4. Em 1640, Fermat escreve uma carta a Mersenne conjecturando que os números gerados por F_n eram todos primos, baseado apenas na observação de que $F_0 = 3, F_1 = 5, F_2 = 17, F_3 = 257, F_4 = 65537$ eram primos. Entretanto, Euler em 1732, derrubou a conjectura de Fermat, mostrando que F_5 é composto.

Até hoje não se conseguiu encontrar um primo de Fermat distinto dos cinco primeiros. Bem que calcular números de Fermat para valores de n "grandes" é mais difícil do que calcular os números de Mersenne, por se tratar de uma dupla exponencial, isto é, a exponencial de uma exponencial.

2.2. ARITMÉTICA MODULAR

A seguir, delinearemos alguns conceitos de aritmética modular, a base para o desenvolvimento da criptografia RSA. Começaremos com a noção de relação de equivalência.

Definição 2.25.

Seja X um conjunto onde está definida uma relação que denotaremos por ($\sim$). Esta relação denomina-se relação de equivalência se, quaisquer que sejam os elementos $x, y, z \in \mathbb{Z}$, quando satisfaz as três seguintes propriedades:

1. $x \sim x$; reflexiva.

2. se $x \sim y$ então $y \sim x$; simétrica.

Capítulo 2 : Introdução à Teoria dos Números   **53**

3. se $x\sim y$ e $y\sim z$ então $x\sim z$; transitiva.

As relações de equivalência são usadas para classificar os elementos de um conjunto em subconjuntos com propriedades semelhantes denominados classes de equivalência. A classe de equivalência de um elemento $x \in X$ é denotada por $\bar{x} = \{y \in X;\ y\sim x\}$.

Temos ainda que qualquer elemento de uma classe de equivalência é um representante de toda a classe.

Destacamos ainda dois resultados muito importantes relacionados ao conjunto X com a relação de equivalência ($\sim$):

1. X é a união de todas as classes de equivalência.

2. A intersecção de duas classes de equivalência distintas é vazia.

2.2.1. Inteiro Módulo n.

Vamos construir uma relação de equivalência no conjunto dos inteiros. Seja n um número inteiro positivo. Diremos que dois inteiros a e b são congruentes módulo n se $a - b$ é múltiplo de n e são denotados por $a \equiv b$ $(mod\ n)$, ou seja, se $a = b + kn$ para algum $k \in \mathbb{N}$.

Temos que $a \equiv 0\ (mod\ n) \Rightarrow n|(a - 0) \Rightarrow n|a$, ou seja, os inteiros que são congruentes a 0 módulo n são exatamente os múltiplos de n.

Sejam a inteiro e n inteiro positivo. Sejam q e r o quociente e o resto da divisão de a por n. Logo, $a = q \cdot n + r \Rightarrow a - r = q \cdot n \Rightarrow a \equiv r\ (mod\ n)$.

Então, por exemplo, todos os inteiros que têm resto 1 pela divisão por n são congruentes a 1 módulo n.

Encontrar o resto da divisão de a por n é equivalente a encontrar um inteiro r, $0 \leq r < n$ tal que $a \equiv r\ (mod\ n)$.

54 Criptografia e Teoria dos Números

Exemplos 2.26.

a. Seja $91 \equiv 0 \ (mod \ 7)$ é verdadeira, pois $91 = 7 \cdot 13 + 0$.

b. Seja $112 \equiv 1 \ (mod \ 3)$ é verdadeira, pois $112 = 3 \cdot 37 + 1$.

c. Seja $3 + 5 + 7 \equiv 5 \ (mod \ 10)$ é verdadeira, pois $3 + 5 + 7 = 15$ $= 10 \cdot 1 + 5$.

Mostraremos que a congruência módulo é uma relação de equivalência:

Teorema 2.27.

Sejam a, b e c inteiros e n inteiro positivo. Então:

1. $a \equiv a \ (mod \ n)$ (Propriedade Reflexiva)

2. Se $a \equiv b \ (mod \ n)$ então $b \equiv a \ (mod \ n)$ (Propriedade Simétrica)

3. Se $a \equiv b \ (mod \ n)$ e $b \equiv c \ (mod \ n)$ então $a \equiv c \ (mod \ n)$ (Propriedade Transitiva)

Demonstração.

1. Por definição, temos que a diferença $a - a$ é um múltiplo de n. Pois, 0 é múltiplo de qualquer inteiro.

2. Se $a \equiv b \ (mod \ n)$, então $a - b$ é múltiplo de n. Mas $b - a = -(a - b)$, logo $b - a$ também é múltiplo de n, portanto $b \equiv a \ (mod \ n)$.

3. Se $a \equiv b \ (mod \ n)$, e se $b \equiv c \ (mod \ n)$, então a primeira congruência nos diz que $a - b$ é múltiplo de n e a segunda $b - c$ também é múltiplo de n. Somando múltiplos de n temos de volta múltiplos de n, logo $(a - b) + (b - c) = (a - c)$ é um múltiplo de n. Portanto, $a \equiv c \ (mod \ n)$.

■

O conjunto de todas as classes de equivalência da relação de congruência módulo nem $\mathbb{Z}$ é denotado por $\mathbb{Z}_n$ e denominado como conjunto dos inteiros módulo n. Dessa forma, a classe de equivalência a é dada por $\overline{a} = \{a + k_n;\ k \in \mathbb{Z}\}$. Em particular, $\overline{0}$ é o conjunto dos múltiplos de n.

Voltemos agora ao algoritmo da divisão. Se $a \in \mathbb{Z}$, então podemos dividi-lo por n, obtendo q e r inteiros, tais que $a = n \cdot q + r$ e $0 \leq r < n - 1$. Daí, temos $a - r = n \cdot q$ é múltiplo de n e, então, $a \equiv r\ (mod\ n)$. Logo, qualquer inteiro é congruente módulo n a um inteiro entre 0 e $n - 1$. Por outro lado, as classes $\overline{0}, \overline{1}, \cdots, \overline{n - 1}$, são todas distintas, pois dois inteiros entre 0 e $n - 1$ só podem ser congruentes módulo n se forem iguais. Representamos por $\mathbb{Z}_n$ o conjunto de todas as classes de congruência módulo n, então $\mathbb{Z}_n = \{\overline{0}, \overline{1}, \cdots, \overline{n - 1}, \}$. Qualquer conjunto formado por n elementos em que cada elemento representa uma das classes $\overline{0}, \overline{1}, \cdots, \overline{n - 1}$ é um sistema completo de representantes módulo n, também chamado sistema completo de resíduos módulo n.

2.2.2. Soma e Produto de Classes

Nosso objetivo aqui é definir soma e produto de classes módulo n. A primeira vantagem das classes em $\mathbb{Z}_n$ é que transformam a congruência $a \equiv b\ (mod\ n)$ na igualdade $\overline{a} = \overline{b}$.

Exemplo 2.28.

Em $\mathbb{Z}_8$, temos $6 + 5 = 11 \equiv 3\ (mod\ 8)$. Logo, $\overline{6} + \overline{5} = \overline{6 + 5} = \overline{11} = \overline{3}$. Mas $14 \equiv 6\ (mod\ 8)$ e $21 \equiv 5\ (mod\ 8)$, assim $\overline{11} = \overline{6}$ e $\overline{21} = \overline{5}$. Se somarmos $\overline{6} + \overline{5}$ e usando os representantes de 14 e 21 teremos o mesmo resultado? Verifica-se facilmente que é sim, pois $\overline{14} + \overline{21} = \overline{14 + 21} = \overline{35} = \overline{3}$.

56 Criptografia e Teoria dos Números

É claro que se trata de apenas um exemplo, mas para que $\bar{a} + \bar{b} = \overline{a + b}$ faça sentido, é natural que valha para qualquer inteiro positivo n e a soma $\overline{a + b}$ independa dos representantes escolhidos das classes $\bar{a}$ e $\bar{b}$.

Então, as operações de soma e produto em $\mathbb{Z}_n$ são definidas naturalmente por:

Soma: $\bar{a} + \bar{b} = \overline{a + b}$

Produto: $\bar{a} \cdot \bar{b} = \overline{a \cdot b}$

De fato, as operações assim definidas estão consistentes, de acordo com o próximo teorema.

Teorema 2.29.

Em $\mathbb{Z}_n$, se $\bar{x} = \bar{a}$ e $\bar{y} = \bar{b}$ então:

1. $\overline{x + y} = \overline{a + b}$

2. $\overline{x \cdot y} = \overline{a \cdot b}$

Demonstração.

$$\bar{x} = \bar{a} \Rightarrow \bar{x} \equiv \bar{a} \ (mod \ n) \Rightarrow x = a + k_1 n \text{ para algum } k_1 \in \mathbb{Z}$$

$$\bar{y} = \bar{b} \Rightarrow y \equiv b \ (mod \ n) \Rightarrow y = b + k_2 n \text{ para algum } k_2 \in \mathbb{Z}$$

Logo,

1. $x + y = (a + k_1 n) + (b + k_2 n) = (a + b) + (k_1 + k_2)n$

$\Rightarrow x + y \equiv a + b \pmod{n}$,

o que mostra que $\overline{x+y} = \overline{a+b}$.

2. $x \cdot y = (a + k_1 n) \cdot (b + k_2 n) = ab + ak_2 n + bk_1 n + k_1 k_2 n^2$

$= ab + n(ak_2 + bk_1 + k_1 k_2 n) \Rightarrow x \cdot y \equiv a \cdot b \pmod{n}$,

e daí temos $\overline{x \cdot y} = \overline{a \cdot b}$.

■

Uma forma equivalente de ver o teorema anterior é que podemos somar e multiplicar duas congruências módulo n, se $a \equiv x \pmod{n}$ e $b \equiv y \pmod{n}$ então.

1. $a + b \equiv x + y \pmod{n}$

2. $a \cdot b \equiv x \cdot y \pmod{n}$

Seja k um inteiro positivo. Multiplicando uma congruência $a \equiv b \pmod{n}$ por ela mesma k vezes, obtemos $a \equiv b \pmod{n} \Rightarrow a^k \equiv b^k \pmod{n}$. Em particular, se $a \equiv 1 \pmod{n} \Rightarrow a^k \equiv 1 \pmod{n}$ para todo inteiro positivo.

Temos que a diferença entre duas classes é definida de forma análoga à adição.

Assim, podemos agora somar e multiplicar classes em $\mathbb{Z}_n$. Então, $\mathbb{Z}_n$ não é mais só um conjunto, mas um conjunto com operações de soma e multiplicação.

Estas operações herdam diversas propriedades da soma e multiplicação dos inteiros, que conheceremos a seguir:

Sejam $\bar{a}, \bar{b}$ e $\bar{c}$ elementos de $\mathbb{Z}_n$, temos:

Propriedade da soma

$$A_1. \left(\bar{a} + \bar{b}\right) + \bar{c} = \bar{a} + \left(\bar{b} + \bar{c}\right)$$

$$A_2. \bar{a} + \bar{b} = \bar{b} + \bar{a}$$

$$A_3. \bar{a} + \bar{0} = \bar{a}$$

$$A_4. \bar{a} + \overline{(-a)} = \bar{0}$$

Propriedade da multiplicação

$$M_1. \left(\bar{a} \cdot \bar{b}\right) \cdot \bar{c} = \bar{a} \cdot \left(\bar{b} \cdot \bar{c}\right)$$

$$M_2. \bar{a} \cdot \bar{b} = \bar{b} \cdot \bar{a}$$

$$M_3. \bar{a} \cdot \bar{1} = \bar{a}$$

Existe uma propriedade que relaciona as duas operações, a distributividade: $\bar{a} \cdot \left(\bar{b} + \bar{c}\right) = \bar{a} \cdot \bar{b} + \bar{a} \cdot \bar{c}$

As verificações dessas propriedades ficam como exercícios.

2.2.3. Potência Módulo n.

A aplicação mais importante de congruência, que desempenhará um importante papel neste livro, é o cálculo do resto da divisão de uma potência a^k por um inteiro n.

A ideia central é encontrar algum s tal que a^s seja um inteiro estritamente pequeno e fazer a divisão do expoente k pelo inteiro s.

Se $k = q \cdot s + r$, com $0 \le r < s$, então $a^k = a^{q \cdot s + r} = (a^s)^q \cdot a^r$.

Capítulo 2 : Introdução à Teoria dos Números   59

Se a^s é congruente módulo n a um inteiro pequeno, então podemos reduzir a^k a uma potência menor. Se, por exemplo, $a^s \equiv 1 \ (mod \ n)$, então:

$$a^k = (a^s)^q \cdot a^r \equiv (1)^q \cdot a^r \equiv a^r \ (mod \ n) \text{ com } 0 \leq r < s.$$

Exemplo 2.30.

1. Calcular o resto da divisão de 10^{33} por 99.

Solução:

Usaremos o fato de que $10^2 \equiv 1 \ (mod \ 99)$. Como $33 = 2 \cdot 16 + 1$, então:

$$\begin{aligned}
10^{33} &= 10^{2 \cdot 16 + 1} \\
&= (10^2)^{16} \cdot 10^1 \\
&= 1^{16} \cdot 10 \ (mod \ 99) \\
&\equiv 10 \ (mod \ 99).
\end{aligned}$$

Portanto, 10 é o resto da divisão de 10^{33} por 99.

2. Calcular o resto da divisão de 35^{15} por 20.

Solução:

1ª) Maneira:

Temos que $15 = 2 \cdot 7 + 1$.

$$\begin{aligned}
35^{15} &= 35^{2 \cdot 7 + 1} \\
&\equiv (35^2)^7 \cdot 35 \ (mod \ 20) \\
&\equiv (5)^7 \cdot 35 \ (mod \ 20) \\
&\equiv 5 \cdot 35 \ (mod \ 20) \\
&\equiv 15 \ (mod \ 20)
\end{aligned}$$

Portanto, 15 é o resto da divisão de 35^{15} por 20.

60 Criptografia e Teoria dos Números

$2^{\underline{a}}$) Maneira:

Vamos escrever 15 na base 2. Assim temos $15 = 2^3 + 2^2 + 2 + 1$

$$35^{15} = 35^{2^3 + 2^2 + 2 + 1} = 35 \cdot 35^2 \cdot 35^{2^2} \cdot 35^{2^3}$$
$$= 35 \cdot 35^2 \cdot (35^2)^2 \cdot ((35^2)^2)^2$$

Usando as congruências $35 \equiv 15 \ (mod\ 20)$ e $15^2 \equiv 5 \ (mod\ 20)$ e $5^2 \equiv 5 \ (mod\ 20)$, temos:

$$35^{15} = 35 \cdot 35^2 \cdot (35^2)^2 \cdot ((35^2)^2)^2$$
$$\equiv 35 \cdot (35)^2 \cdot (35^2)^2 \cdot ((35^2)^2)^2 (mod\ 20)$$
$$\equiv 15 \cdot 15^2 \cdot (15^2)^2 \cdot ((15^2)^2)^2 (mod\ 20)$$
$$\equiv 15 \cdot 5 \cdot (5)^2 \cdot (5^2)^2 (mod\ 20)$$

$$\equiv 15 \cdot 5 \cdot 5 \cdot 5^2 (mod\ 20)$$
$$\equiv 15 \cdot 5 \cdot 5 \quad (mod\ 20)$$
$$\equiv 15 \cdot 5 \quad (mod\ 20)$$
$$\equiv 75 \quad (mod\ 20)$$
$$\equiv 15 \quad (mod\ 20)$$

Portanto, 15 é o resto da divisão de 35^{15} por 20

2.2.4. Divisão Modular

Para iniciarmos a discussão acerca da divisão em $\mathbb{Z}_n$, afirmamos que a melhor maneira de ver a divisão é encarar $a \mid b$ como $a \cdot \left(\dfrac{1}{b}\right) = a \cdot b^{-1}$, isto é, a divisão de a por b é o produto de a com o inverso de b.

Em $\mathbb{Z}_n$ o inverso de $\bar{b}$ é uma classe $\bar{y}$ tal que $\bar{b} \cdot \bar{y} = \bar{1}$, e o problema de encontrar o inverso de b é equivalente a encontrar um inteiro y tal que $b \cdot y \equiv 1 \ (mod\ n)$.

Capítulo 2 : Introdução à Teoria dos Números   **61**

Aqui começam os problemas, pois em $\mathbb{Z}_n$ nem sempre uma classe tem inverso. Consequentemente, nem sempre é possível dividir duas classes em $\mathbb{Z}_n$. Então, queremos identificar em $\mathbb{Z}_n$ quais são as classes que têm inversas. Já que o inverso de b é o número que multiplicado por b, resulta em 1, ou seja, $b \cdot b^{-1} = 1$, logo temos que assumir $b \neq 0$. Ou seja, as classes que possivelmente possuem inversos estão em $\mathbb{Z}_n - \{\bar{0}\}$.

Para elucidar essas questões nada mais é necessário além do teorema seguinte.

Teorema 2.31 (Teorema de Inversão).

A classe $\bar{a}$ tem inverso em $\mathbb{Z}_n$ se, e somente se, a e n são co-primos.

Demonstração.

($\Rightarrow$) Seja $\bar{a} \in \mathbb{Z}_n$, suponhamos que $\bar{a}$ tem inverso $\bar{x}$, então $\bar{a} \cdot \bar{x} = \bar{1} \Rightarrow a \cdot x \equiv 1 \ (mod\ n) \Rightarrow n | (a \cdot x - 1)$. Logo, existe $k \in \mathbb{Z}$, tal que $a \cdot x + k \cdot n = 1$. Seja agora $d = mdc\ (a,n)$. Como $d | a$ e $d | n$ então $d | (a \cdot x + k \cdot n) \Rightarrow d | 1 \Rightarrow d = 1$. Provamos assim que se uma classe $\bar{a} \in \mathbb{Z}_n$ tem inverso, então $mdc\ (a,n) = 1$.

($\Leftarrow$) Se $mdc\ (a,n) = 1$, então pelo algoritmo euclidiano estendido existem k_1 e k_2 tais que $ak_1 + nk_2 = 1$. Logo, $ak_1 - 1 = -nk_2$ é múltiplo de n, ou seja, $ak_1 \equiv 1 (mod\ n) \Rightarrow \bar{a} \cdot \overline{k_1} = \bar{1}$, o que nos mostra que $\bar{a}$ tem inverso em $\mathbb{Z}_n$.

■

Portanto, temos que a e n serem co-primos é condição necessária e suficiente para que a classe $\bar{a}$ tenha inverso.

62 Criptografia e Teoria dos Números

Uma consequência do teorema anterior é que se n for um primo p, então todas as classes não-nulas em $\mathbb{Z}_p$ têm inversos. Isto ocorre porque se p é primo e $1 \leq a \leq p - 1$ então o $mdc\ (a,n) = 1$.

O conjunto dos elementos de $\mathbb{Z}_n$ que tem inverso é muito importante. Denotaremos por $\mathcal{U}(n)$. Em símbolos $\mathcal{U}(n) = \{\bar{a} \in \mathbb{Z}_n : mdc\ (a,n) = 1\}$.

O conjunto $\mathcal{U}(n)$ não é fechado para a soma, isto é, a soma de dois elementos de $\mathcal{U}(n)$ não é um elemento de $\mathcal{U}(n)$. Por exemplo, em $\mathcal{U}(12)$ as classes $\bar{1}$ e $\bar{5}$ tem inverso, mas $\bar{1} + \bar{5} = \bar{6}$ não possui inverso.

No entanto, o conjunto $\mathcal{U}(n)$ é fechado para o produto. Isso será tão importante que vamos enunciar essa propriedade através de um lema.

Lema 2.32.

O conjunto $\mathcal{U}(n)$ é fechado para a multiplicação, ou seja, o produto de duas classes que possuem inversos sempre tem inverso.

Demonstração.

Sejam $\bar{a}$ e $\bar{b}$ duas classes em $\mathcal{U}(n)$ e sejam suas respectivas inversas $\bar{x}$ e $\bar{y}$. A inversa $\bar{a} \cdot \bar{b}$ é a classe $\bar{x} \cdot \bar{y}$, pois a verificação é imediata.

$$\left(\bar{a} \cdot \bar{b}\right) \cdot (\bar{x} \cdot \bar{y}) = (\bar{a} \cdot \bar{x}) \cdot \left(\bar{b} \cdot \bar{y}\right) = \bar{1} \cdot \bar{1} = \bar{1}.$$

∎

Mostraremos em seguida dois teoremas que desempenham papéis importantes na criptografia RSA. São os teoremas de Fermat e o de Euler.

2.3.   **TEOREMAS DE FERMAT E EULER**

Nesta seção veremos três importantes resultados em teoria dos números, dois deles estão ligados a Fermat e o outro a Euler. A importância de cada um tem relevância tanto na história da matemática, especificamente na teoria dos números; quanto em sua aplicabilidade no método RSA.

Teorema 2.33 (Teorema de Fermat[1]).

Se p um primo e a é um inteiro que não é divisível por p. Então, $a^{p-1} \equiv 1 \ (mod \ p)$.

Demonstração.

Dados p e a com $p \nmid a$, consideremos os conjuntos $\{1, 2, 3, \cdots, p - 1\}$ e $\{a, 2a, 3a, \cdots, (p - 1)a\}$, temos $a, 2a, 3a, \cdots, (p - 1)a \not\equiv 0 \ (mod \ p)$.

Se $i, j \in \{1, 2, 3, \cdots, p - 1\}$ e $ia \equiv ja \ (mod \ p)$, concluímos $i \equiv j \ (mod \ p)$, já que o $mdc \ (a, p) = 1$. Então $i = j$, pois $0 \leq |\ i - j\ | < p$. Isso significa que os números $a, 2a, 3a, \cdots, (p - 1) \ a$, são incongruentes entre si $(mod \ p)$. Logo, os números $a, 2a, 3a, \cdots, (p - 1)a$ são congruentes, em alguma ordem, aos $1, 2, 3, \cdots, p - 1$.

Podemos concluir que:

$$(a) \cdot (2a) \cdot (3a) \cdot \cdots \cdot \big((p - 1)a\big) \equiv 1 \cdot 2 \cdot 3 \cdot \cdots \cdot p - 1 \ (mod \ p).$$

Lembrando que $(p - 1)! = 1 \cdot 2 \cdot 3 \cdot \cdots \cdot (p - 1)$, segue,

$$a^{p-1} \ (p - 1)! \equiv (p - 1)! \ (mod \ p)$$

---

[1] Também conhecido como Pequeno Teorema de Fermat.

Podemos cancelar o termo $(p - 1)!$ porque ele é co-primo com p, pois o primo p não aparece $(p - 1)! = 1 \cdot 2 \cdot 3 \cdot \cdots \cdot (p - 1)$. Assim, temos, $a^{p-1} \equiv 1 \ (mod \ p)$.

■

Corolário 2.34.

Sejam p um primo e a um número inteiro, então $a^p \equiv a \ (mod \ p)$.

Demonstração.

Se p divide a, então:

$a \equiv 0 \ (mod \ p)$ e $a^p \equiv 0 \ (mod \ p)$ o que implica: $a^p \equiv a \ (mod \ p)$.

Por outro lado, se p não divide a, então pelo teorema de Fermat: $a^{p-1} \equiv 1 \ (mod \ p)$ e, portanto: $a \cdot a^{p-1} \equiv a \cdot 1 \ (mod \ p)$ ou $a^p \equiv a \ (mod \ p)$.

■

Observação.

Observa-se que o corolário 2.34 é equivalenteao teorema 2.33:

1. Se $p \mid a$, então $a^p \equiv a \ (mod \ p)$ é sempre verdade.

2. Se $p \nmid a$, então $a^p \equiv a \ (mod \ p) \Leftrightarrow a^{p-1} \equiv 1 \ (mod \ p)$

E além do mais o teorema 2.33 requer que a e p sejam co-primos, já o corolário 2.34 não requer essa hipótese.

Para cálculo de potências módulo n podemos aplicar o teorema de Fermat que é uma ferramenta bem mais rápida para efetuar as contas.

Exemplos 2.35.

1. Determinar resto de 2^{182} por 19:

Solução:

Como $p = 19$ é primo e $19 \nmid 2$, temos que $2^{19-1} = 2^{18} \equiv 1 \ (mod \ 19)$.

Sendo:

$182 = 18 \cdot 10 + 2$, temos:

$2^{182} = (2^{18})^{10} \cdot 2^2 \equiv 1^{10} \cdot 4 \ (mod \ 19) \Rightarrow 2^{182} \equiv 4 \ (mod \ 19)$.

Portanto, o resto da divisão de 2^{182} por 19 é 4.

2. Determinar resto de 3^{100} por 7.

Solução:

Como $p = 7$ é primo e $7 \nmid 3$, temos que $3^{7-1} = 3^6 \equiv 1 \ (mod \ 7)$. Sendo

$100 = 6 \cdot 16 + 4$, temos:

$3^{100} = (3^6)^{16} \cdot 3^4 \equiv 1^{16} \cdot 3^4 \ (mod \ 7) \equiv 3^4 \ (mod \ 7)$.

Mas $3^4 = 81 \equiv 4 \ (mod \ 7)$.

Logo, o resto da divisão de 3^{100} por 7 é 4.

Antes de apresentarmos o teorema de Euler, de grande importância na criptografia RSA, exibiremos uma função importante na teoria dos números chamada de Função ϕ de Euler ou Função Totiente de Euler.

2.3.1. Função de Euler

Já vimos que um inteiro a tem inverso módulo n se, e somente se, mdc $(a, n) = 1$. E as classes que têm inversos em $\mathbb{Z}_n$ são as classes e $\mathcal{U}(n) = \bar{a} \mid 1 \leq a \leq n - 1$ e $mdc\ (a, n) = 1$.

Evidentemente, que a quantidade de elementos de $\mathcal{U}(n)$ é a quantidade de números inteiros entre 1 e $n - 1$, que são co-primos com n. Assim sendo esta quantidade é por definição $\phi(n)$. Portanto, para $n \geq 1$, $\phi(n)$ é igual ao número de inteiros entre 1 e $n - 1$ co-primos com n.

Se o valor de n é relativamente pequeno, podemos calcular o valor de $\phi(n)$ simplesmente contando os inteiros entre 1 e $n - 1$ co-primos com n. Assumindo por convenção que $\phi(1) = 1$. Porém, para valores grandes de n precisamos utilizar algumas propriedades desta função. Para isto vamos enunciá-las em forma de teorema.

Teorema 2.36.

Se p é primo então $\phi(p) = p - 1$.

Demonstração.

Seja p é um número primo, então neste caso p é co-primo com todos os inteiros $1 \cdot 2 \cdot 3 \cdot \dots \cdot (p - 1)$. Portanto, $\phi\ (p) = p - 1$. Concluindo o teorema 2.36.

■

Teorema 2.37.

Se p é primo e se k é um inteiro positivo, então:

$$\phi(p^k) = p^k - p^{k-1} = p^k \left(1 - \frac{1}{p}\right).$$

Demonstração.

Dados um p primo e um k inteiro positivo consideremos a potência p^k. Para provar o teorema, o que nos interessa são todos os inteiros positivos menores que p^k e cujo mdc com p^k seja igual a 1. Então, identificamos um certo a tal que $0 \le a < p^k$ e que o $mdc\ (a, p^k) = 1$. Isso significa que p não divide a. Logo, basta contar os inteiros positivos menores que p^k que não são divisíveis por p. Mas fica mais fácil contar os que são divisíveis. Então, suponhamos que o $mdc\ (a,p^k) \ne 1$, logo p divide a e isto implica que existe um b tal que $a = pb$ com $0 \le b < p^{k-1}$. Portanto, existem p^{k-1} números inteiros menores que p^k, que são divisíveis por p. Logo, há $p^k - p^{k-1}$ que não são divisíveis por p. Assim, temos $\phi\ (p^k) = p^k - p^{k-1}$.

■

Claramente o teorema 2.36 é um caso particular do teorema 2.37, pois é só fazer $k=1$, no teorema 2.37 que obtemos o teorema 2.36, de fato.

$$\phi(p^1) = p^1 - p^{1-1} = p^1 - p^0 = p - 1.$$

Teorema 2.38.

Se m e n são inteiros positivos tais que $mdc\ (m, n) = 1$, então $\phi(m \cdot n) = \phi(m) \cdot \phi(n)$

Demonstração.

Vamos dispor os números de 1 até $n \cdot m$ da seguinte forma.

1	$m + 1$	$2m + 1$	$\cdots$	$(n - 1)m + 1$
2	$m + 2$	$2m + 2$	$\cdots$	$(n - 1)m + 2$
3	$m + 3$	$2m + 3$	$\cdots$	$(n - 1)m + 3$
$\vdots$	$\vdots$	$\vdots$	$\cdots$	$\vdots$
r	$m + r$	$2m + r$	$\cdots$	$(n - 1)m + r$
$\vdots$	$\vdots$	$\vdots$	$\cdots$	$\vdots$
m	$2m$	$3m$	$\cdots$	nm

Se na linha r, onde estão os termos $r, m + r, 2m + r, \cdots, (n - 1)m + r$, tivermos $mdc\ (m, r) = 1 > 1$, então nenhum termo nesta linha será co-primo com $m \cdot n$, uma vez que estes termos, sendo da forma $km + r, 0 \leq k \leq n - 1$, são todos divisíveis por d que é o máximo divisor comum de m e r. Logo, para encontrarmos os inteiros desta tabela que são co-primos com $m \cdot n$, devemos olhar na linha r somente se $mdc\ (m, r) = 1$. Portanto, temos $\phi(m)$ linhas onde todos os elementos são co-primos com m.

Devemos, pois, procurar em cada uma dessas $\phi(m)$ linhas, quantos elementos são co-primos com n, uma vez que todos são co-primos com m. Como $mdc\ (m,r) = 1$, os elementos $r, m + r, 2m + r, \cdots, (n - 1)m + r$ formam um sistema completo de resíduos módulo n. Logo, cada uma desta linha possui $\phi(n)$ elementos co-primos com n e como eles são co-primos com m, portanto eles são co-primos com $m \cdot n$. Isto nos garante que $\phi\ (m \cdot n) = \phi\ (m) \cdot \phi\ (n)$.

■

Exemplo 2.39.

1. Calcule $\phi(15)$.

Solução:

Inicialmente, vamos fatorar 15 encontramos $3 \cdot 5$. Então, iremos primeiro utilizar o teorema 2.38 e em seguida teorema 2.36, da seguinte forma: $\phi(15) = \phi(3 \cdot 5) = \phi(3) \cdot \phi(5) = (3 - 1) \cdot (5 - 1) = 2 \cdot 4 = 8$, já que $mdc\ (3,5) = 1$.

2. Calcule $\phi(375)$.

Solução:

Inicialmente, vamos fatorar 375 é igual a $3 \cdot 5^3$, então primeiro usaremos o teorema 2.36, depois os teoremas 2.36 e 2.37, da seguinte forma:

$$\phi(375) = \phi(3 \cdot 5^3) = \phi(3) \cdot \phi(5^3) = (3 - 1) \cdot (5^3 - 5^2) =$$

$$2 \cdot 120 = 240.$$

O teorema 2.38 em geral, não se verifica quando m e n não forem co-primos, verificaremos esta afirmativa através de um exemplo:

Calcularemos $\phi(40)$, $\phi(10)$ e $\phi(4)$ e faremos a análise:

Temos que $\phi(40) = \phi(2^3 \cdot 5) = \phi(2^3) \cdot \phi(5) = (2^3 - 2^2) \cdot (5 - 1) = 4 \cdot 4 = 16$. Agora vamos calcular $\phi(10) = \phi(2 \cdot 5) = \phi(2) \cdot \phi(5) = (2 - 1) \cdot (5 - 1) = 1 \cdot 4 = 4$, pois 2 e 5 são primos entre si. E temos que $\phi(4) = 2^2 = 2^2 - 2^{2-1} = 4 - 2 = 2$.

Observamos que $\phi(40) = 16 \neq 2 \cdot 4 = \phi(4) \cdot \phi(10)$, pois 4 e 10 não são co-primos.

Além do mais, podemos generalizar o teorema 2.36 para produtos de vários fatores, desde que eles sejam todos co-primos, ou seja, a_1, a_2, $\cdots$, a_n são inteiros positivos tais que $mdc\ (a_i, a_j) = 1$ para $i \neq j$ então:

$$\phi(a_1 \cdot a_2 \cdot \cdots \cdot a_n) = \phi(a_1) \cdot \phi(a_2) \cdot \cdots \cdot \phi(a_n).$$

Exemplos 2.40.

1. $\phi(120) = \phi(8 \cdot 3 \cdot 5) = \phi(8) \cdot \phi(3) \cdot \phi(5) = 4 \cdot (3 - 1) \cdot (5 - 1) = 4 \cdot 2 \cdot 4 = 32$.

2. $\phi(300) = \phi(2^2 \cdot 3 \cdot 5^2) = \phi(2^2) \cdot \phi(3) \cdot \phi(5^2) = 2 \cdot 2 \cdot 20 = 80$.

Vamos concluir o estudo acerca da função ϕ de Euler, reunindo os teoremas 2.37 e 2.38 para obtermos uma fórmula geral de $\phi(n)$. E para isso vamos enunciá-la através de mais um teorema.

Teorema 2.41.

Se n é um inteiro positivo e fatora-se como $n = p_1^{\alpha_1} \cdot p_2^{\alpha_2} \cdot \cdots \cdot p_k^{\alpha_k}$, onde $p_1 < \cdots < p_k$ são primos distintos, então:

$$\phi(n) = n \cdot \left(1 - \frac{1}{p_1}\right) \cdot \left(1 - \frac{1}{p_2}\right) \cdot \cdots \cdot \left(1 - \frac{1}{p_k}\right)$$

Demonstração.

$$
\begin{aligned}
\phi(n) &= \phi\left(p_1^{\alpha_1} \cdot p_2^{\alpha_2} \cdot \cdots \cdot p_k^{\alpha_k}\right) \\
&= \phi\left(p_1^{\alpha_1} \cdot p_2^{\alpha_2} \cdot \cdots \cdot p_k^{\alpha_k}\right) \\
&= \phi\left(p_1^{\alpha_1} - p_1^{\alpha_1-1}\right) \cdot \phi\left(p_2^{\alpha_2} - p_2^{\alpha_2-1}\right) \cdot \cdots \cdot \phi\left(p_k^{\alpha_k} - p_k^{\alpha_2-1}\right)
\end{aligned}
$$

$$= p_1^{\alpha_1} \left(1 - \frac{1}{p_1}\right) \cdot p_2^{\alpha_2} \left(1 - \frac{1}{p_2}\right) \cdot \cdots \cdot p_k^{\alpha_k} \left(1 - \frac{1}{p_k}\right)$$

$$= p_1^{\alpha_1} \cdot p_2^{\alpha_2} \cdot \cdots \cdot p_k^{\alpha_k} \cdot \left(1 - \frac{1}{p_1}\right) \cdot \left(1 - \frac{1}{p_2}\right) \cdot \cdots \cdot \left(1 - \frac{1}{p_k}\right)$$

$$= n \cdot \left(1 - \frac{1}{p_1}\right) \cdot \left(1 - \frac{1}{p_2}\right) \cdot \cdots \cdot \left(1 - \frac{1}{p_k}\right)$$

∎

Ainda é possível tornar esta fórmula um pouco mais compacta usando uma notação comum para produtos: o símbolo Π.

Então, escrevemos:

$$\phi(n) = n \cdot \prod_{i=1}^{i=k} \left(1 - \frac{1}{p_i}\right), \text{ onde } p_i \text{ primo e } p_i \text{ divide } n.$$

Antes de prosseguir é pertinente fazer um comentário de extrema significação para a criptografia RSA. Vimos que através dos teoremas o quanto é fácil calcular $\phi(n)$, caso a fatoração de n seja conhecida. Caso contrário, se esse determinado n for arbitrariamente grande, pode ser computacionalmente impraticável calcular diretamente quais inteiros entre 1 e $n - 1$ são co-primos com n.

De maneira geral, o modo mais rápido de calcular $\phi(n)$ é fatorar n. Se não pudermos fatorar n não há como calcular $\phi(n)$. Veremos que este fato é a base para a criptografia do RSA. E o par (n, e) é a chave pública do sistema, onde n é um produto de dois primos distintos $n = p \cdot q$ e o inteiro e tem inverso módulo $\phi(n)$.

A chave privada é o par (n, d), onde d é o inverso de e módulo $\phi(n)$. Quem conhece $\phi(n)$ calcula, facilmente, o inverso de e módulo $\phi(n)$, usando o algoritmo euclidiano estendido. Quem gerou as chaves, sabe a fatoração

$n = p \cdot q$ e, sem maiores dificuldades, calcula, $\phi(n) = \phi(p \cdot q) = \phi(p) \cdot \phi(q) = (p-1) \cdot (q-1)$.

Mas quem conhece n, e não conhece a fatoração $n = p \cdot q$ vai ter que fatorar n antes de calcular $\phi(n)$.

A segurança do RSA baseia-se no fato de:

1. calcular $n = p \cdot q$ é essencialmente equivalente a fatorar n e;

2. fatorar um inteiro suficientemente grande n não é um problema difícil, mas bastante trabalhoso pelos recursos atualmente da matemática.

Mas ainda é cedo para explicarmos exatamente como funciona o RSA. Antes disso, precisamos ainda apresentar o teorema de Euler primeiro a exposição de um lema que nos auxiliará em sua demonstração:

Lema 2.42.

Se $\{a_1, a_2, \cdots, a_{\phi(n)}\}$ é um conjunto de representantes de todas as classes que têm inverso módulo n, e se α é um inteiro que tem inverso módulo n, isto é, $mdc(\alpha, n) = 1$, então $\{\alpha \cdot a_1, \alpha \cdot a_2, \cdots, \alpha \cdot a_{\phi(n)}\}$ também é um conjunto de representantes de todas as classes que têm inverso módulo n.

Demonstração.

Inicialmente, observamos que $\alpha \cdot a_1, \alpha \cdot a_2, \cdots, \alpha \cdot a_{\phi(n)}$ são todos inversíveis módulo n, pois o produto de elementos inversíveis módulo n é inversível módulo n. Os inteiros $\alpha \cdot a_1, \alpha \cdot a_2, \cdots, \alpha \cdot a_{\phi(n)}$ representam classes distintas módulo n, pois

$$\alpha \cdot a_i \equiv \alpha \cdot a_j \,(mod\; n) \Rightarrow \alpha^{-1} \cdot \alpha \cdot a_i \equiv \alpha^{-1} \cdot \alpha \cdot a_j \,(mod\; n)$$
$$\Rightarrow a_i \equiv a_j \,(mod\; n)$$

Lembrando que os $a_i's$ estão em classes distintas módulo n, logo

$$\Rightarrow a_i \equiv a_j \,(mod\; n) \Rightarrow i = j$$

Portanto, o conjunto $\{a_1, a_2, \cdots, a_{\phi(n)}\}$ é formado por $\phi(n)$ elementos, todos inversíveis módulo n, e que estão em classes distintas módulo n, o que prova que formam um conjunto de representantes das classes inversíveis módulo n.

■

O que provamos, em outras palavras, foi que

$$\{\overline{a_1}, \overline{a_2}, \cdots, \overline{a_{\phi(n)}} = \overline{\alpha \cdot a_1}, \overline{\alpha \cdot a_2}, \cdots, \overline{\alpha \cdot a_{\phi(n)}}\}$$

Teorema 2.43 (Teorema de Euler).

Sejam n um inteiro positivo e a um inteiro com $mdc(a,n) = 1$, então $a^{\phi(n)} \equiv 1 \,(mod\; n)$.

Demonstração.

Como o $mdc(a, n) = 1$, logo a é inversível. Seja o conjunto $\{a_1, a_2, \cdots, a_{\phi(n)}\}$ de representantes das classes que têm inverso módulo n. Pelo lema 2.42, o conjunto $\{a \cdot a_1, a \cdot a_2, \cdots, a \cdot a_{\phi(n)}\}$ também é um conjunto de representantes das classes que têm inverso módulo n. Multiplicando os elementos destes conjuntos, obtemos

$$\overline{a \cdot a_1} \cdot \overline{a \cdot a_2} \cdot \cdots \cdot \overline{a \cdot a_{\phi(n)}} = \overline{a_1} \cdot \overline{a_2} \cdot \cdots \cdot \overline{a_{\phi(n)}}$$

74 Criptografia e Teoria dos Números

Ou seja,

$$a \cdot a_1 \cdot a \cdot a_2 \cdot \cdots \cdot a \cdot a_{\phi(n)} \equiv a_1 \cdot a_2 \cdot \cdots \cdot a_{\phi(n)} (mod\ n).$$

Fatorando o termo a do lado esquerdo da congruência, obtemos:

$$a^{\phi(n)}\left(a_1 \cdot a_2 \cdot \cdots \cdot a_{\phi(n)}\right) \equiv a_1 \cdot a_2 \cdot \cdots \cdot a_{\phi(n)} (mod\ n)$$

Por fim, sabemos que o termo $a_1, a_2, \cdots, a_{\phi(n)}$ é um produto de elementos inversíveis módulo n, logo é inversível módulo n e pode ser cancelado nos dois lados da congruência, o que é equivalente a multiplicar os dois lados congruência pelo inverso dele, então resulta em $a^{\phi(n)} \equiv 1\ (mod\ n)$.

■

Para concluir, observamos que o teorema de Fermat é um caso particular do teorema de Euler, quando n for um primo e aí, temos o seguinte, p é primo então vale $\phi(p) = p - 1$. Logo, para $p \nmid a$ o teorema de Euler assegura que

$$a^{\phi(p)} = a^{p-1} \equiv 1\ (mod\ n),$$

Ou seja, exatamente o teorema de Fermat.

2.4. EXERCÍCIOS

1. Numa divisão de dois inteiros, o quociente é 16 e o resto 167. Determine o maior inteiro que pode ser somado ao dividendo e ao divisor sem alterar o quociente.

Capítulo 2 : Introdução à Teoria dos Números   75

2. Sejam $a = 252$ e $b = 298$. Determine α e β tal que $\alpha \cdot a + \beta \cdot b = mdc(a, b)$.

3. Calcule os dois fatores do número $n = 655009$ usando o algoritmo de Fermat.

4. Sejam a, b, c três inteiros tais que a divide bc e a e b são primos entre si, então a divide c.

5. Será que se tirássemos a hipótese de a e b seres primos entre si do exercício 4 o resultado assim continuaria válido?

6. Seja p é um primo. Se $a^2 \equiv 1 \ (mod \ p)$, então $a \equiv 1 \ (mod \ p)$ ou $a \equiv -1 \ (mod \ p)$.

7. Alguns problemas interessantes em relação aos calendários anuais:

a. O ano de 2014 começou em uma quarta feira. Sem recorrer a um calendário, deduza em que dia da semana caiu o último dia do ano de 2014.

b. O ano de 2014 começou em uma quarta feira. Sem recorrer a um calendário, em que dia da semana cairá o último dia do ano de 2016?

c. Quantos calendários anuais diferentes existem? E quanto tempo se leva para "percorrê-los" por completo?

76   Criptografia e Teoria dos Números

8. Calcule:

   a. O resto da divisão de 2^{172} por 17.

   b. O resto da divisão de 3^{334} por 23.

   c. O resto da divisão de 5^{1266} por 127.

   d. Calcule o reto da divisão de 12^{35} por 23.

   e. Encontrar o resto da divisão de $2^{1000000}$ por 17.

9. Determine $\phi(1024)$.

10. Ache o resto da divisão $34|(3^{100})$.

Capítulo 3

MÉTODO DE CRIPTOGRAFIA RSA

Neste Capítulo mostraremos um dos métodos criptográficos de chave pública, o RSA, que atualmente é um dos mais conhecidos e também mais utilizados e seguros, sobretudo em transações bancárias e comerciais. A sigla RSA corresponde às iniciais dos sobrenomes de seus inventores. Então aqui faremos à descrição de sua funcionalidade e concluiremos mostrando algumas de suas aplicações.

3.1. FUNCIONAMENTO DO MÉTODO DE CRIPTOGRAFIA RSA

No RSA, uma mensagem é partida em blocos de tamanho fixado, estes blocos são transformados em números através do processo chamado de pré-codificação. A mensagem torna-se, então, uma sequência de números. Criptografar uma mensagem significa aplicar certa função f à sequência de números. Decifrar a mensagem consiste em aplicar a função inversa $g = f^{-1}$. A questão toda é encontrar uma função f tal que seja inviável para um atacante determinar sua inversa f^{-1}.

3.1.1. Pré-codificação

Para usarmos o método RSA devemos converter a mensagem em uma sequência de números. Chamaremos este processo de pré-codificação.

Para convertemos as letras em números usaremos a seguinte tabela de conversão:

A	B	C	D	E	F	G	H	I	J	K	L	M
10	11	12	13	14	15	16	17	18	19	20	21	22
N	O	P	Q	R	S	T	U	V	W	X	Y	Z
23	24	25	26	27	28	29	30	31	32	33	34	35
–	0	1	2	3	4	5	6	7	8	9		
36	37	38	39	40	41	42	43	44	45	46		

Os espaços serão substituídos pelo número 36.

A vantagem de se utilizar dois algarismos para representar uma letra reside no fato de que tal procedimento evita a ocorrência de ambiguidade. Por exemplo, se A fosse convertido por 1 e B por 2, teríamos que AB seria 12, mas a letra L também seria 12, logo, não poderíamos concluir se 12 seria AB ou L.

Precisamos escolher dois primos distintos, que denotaremos por p e q, que são denominados parâmetros RSA. E calculemos n que é o produto de p e q, ou seja, $n = p \cdot q$, que é chamado de módulo RSA.

A última etapa da pré-codificação consiste em separar numa sequência de números ou blocos o longo número produzido. E denominaremos cada bloco de um certo b e devem ser números menores que n. A maneira de escolher os blocos não é única, pois, não precisa ser homogênea (todos os blocos com o mesmo número de algarismo), mas é importante evitar duas situações:

1. Nenhum bloco deve começar com o número zero (problema na decodificação).

2. Os blocos não devem corresponder a nenhuma unidade linguística (palavra, letra, etc.). Assim a decodificação por contagem de frequência fica impossível.

3.1.2. Codificação

Após o processo de pré-codificação ter sido realizado, passemos a próxima fase que é o processo de codificação propriamente dito.

Para codificar a mensagem precisamos de $n = p \cdot q$ e de um inteiro positivo e que seja inversível módulo $\phi(n)$, ou seja, o $mdc\ (e,\ \phi(n)) = 1$. Já sabemos como calcular $\phi(n)$ quando conhecemos p e q, de fato,

$$\phi(n) = (p - 1) \cdot (q - 1).$$

O par (n,e) é denominado chave de codificação ou de chave pública do método RSA.

A mensagem encontra-se separada em uma sequência de números ou blocos e codificaremos cada bloco separadamente. A mensagem codificada também será uma sequência de blocos codificados. É muito importante não unir os blocos codificados para evitar a formação de um longo número. Se isso for feito, tornaria impossível a decodificação da mensagem.

A codificação de um bloco b será denotada por $C(b)$. E lembremos que b é um inteiro positivo menor que n. Temos que $C(b)$ é o resto da divisão de b^e por n, isto é,

$$C(b) \equiv b^e \equiv b\ (mod\ n)$$

3.1.3. Decodificação

Para decodificar a mensagem precisamos de n e do inverso de e módulo $\phi(n)$, que denotaremos por d. Chamaremos o par (n, d) de chave privada ou chave de decodificação. Seja a um bloco da mensagem codificada, isto é, $a = C(n)$, então $D(a)$ será o resultado da decodificação. Temos que $D(a)$ é o resto da divisão de a^d por n, isto é,

$$D(a) \equiv a^d \equiv a\ (mod\ n)$$

3.1.4. Funcionalidade do Método RSA

Vamos mostrar que ao decodificar um bloco codificado, obteremos de volta o bloco correspondente da mensagem original.

Verificaremos que se b é um inteiro e $0 \leq b \leq n - 1$, então $D(C(b)) = b$. Na verdade queremos mostrar que $D(C(b)) \equiv b \pmod{n}$, pois tanto $D(C(b))$ quanto b estão no intervalo de 1 a $n - 1$. Logo, b e $D(C(b))$ só serão congruentes módulo n se forem iguais. É por isso que no processo da pré-codificação temos que "quebrar" a mensagem em blocos menores que n e também os mantemos separados mesmo após a codificação.

Vamos mostrar que $D(C(b)) \equiv b \pmod{n}$.

Por definição de D e C temos,

$$D(C(b)) \equiv (b^e)^d \equiv b^{ed} \pmod{n} \qquad (3.1.4.1)$$

Mas como d é o inverso de e módulo $\phi(n)$, então $ed \equiv 1 \pmod{\phi(n)}$, em outras palavras, $ed = k \cdot \phi n + 1 = k \cdot (p - 1) \cdot (q - 1) + 1$, para algum k inteiro. Daí segue que:

$$D(C(b)) \equiv b^{1+k\cdot\phi(n)} \equiv \left(b^{\phi(n)}\right)^k \cdot b \pmod{n}$$

Se $mdc(b,n)=1$, então podemos usar o teorema de Euler, $b^{\phi(n)} \equiv 1 \pmod{n}$.

$$D(C(b)) \equiv b^{1+k\cdot\phi(n)} \equiv \left(b^{\phi(n)}\right)^k \cdot b \equiv b \pmod{n}.$$

Se b e n não são primos entre si, lembremos que $n = pq$, onde p e q são primos distintos. Calcularemos a forma reduzida de b^{ed} módulo p.

De (3.1.4.1) temos que:

$$b^{ed} \equiv b^{k\cdot(p-1)\cdot(q-1)+1} \equiv \left(b^{(p-1)}\right)^{k\cdot(q-1)} \cdot b \pmod{p}. \qquad (3.1.4.2)$$

Capítulo 3: Método de Criptografia RSA   83

Suponhamos que p não divide b, então podemos usar o teorema de Fermat, que afirma que $b^{p-1} \equiv 1 \ (mod \ n)$. E assim, a expressão (3.1.4.2) resulta em $b^{ed} \equiv b \ (mod \ p)$.

Analisando o caso em que p divide b, temos $b \equiv 0 \ (mod \ p)$. Logo, $b^{ed} \equiv b \ (mod \ p)$ para qualquer valor de b.

E como $b^{ed} \equiv b \ (mod \ p)$, de forma análoga, mostrar-se que $b^{ed} \equiv b \ (mod \ q)$. Daí temos que $b^{ed} - b$ é divisível por p e por q. Mas, como p e q são primos distintos, isto é, o $mdc(p, q) = 1$, e isso implica que $b^{ed} - b$ é divisível por $p \cdot q$. Mas, sabemos que $n = p \cdot q$ e, portanto, $b^{ed} \equiv b \ (mod \ n)$ para qualquer inteiro b. Disto concluímos que $D(C(b)) \equiv b \ (mod \ n)$.

Portanto, temos que $D(C(b)) = b$.

3.1.5. Segurança do Método RSA

Como visto anteriormente que o método RSA é de chave pública e que o par (n, e), é a chave de codificação ou chave pública, portanto acessível a qualquer usuário do método. Por isso, o método RSA só será seguro se quanto mais difícil for o cálculo de d a partir de n e e que já conhecemos. Para calcular d, utilizamos $\phi(n)$ e e os aplicamos no algoritmo euclidiano estendido, mas para obtermos $\phi(n)$, devemos ter p e q, que é a fatoração de n. No entanto, para descobrir d sem ter $\phi(n)$ também implica na fatoração de n, ou seja, dessa forma descobrir a mensagem sem ter d, é inviável. Entretanto, acredita-se que quebrar o método RSA é equivalente a fatorar n.

Até o momento não se conhece nenhum algoritmo para fatoração de inteiros suficientemente grandes em um computador clássico que funcione em tempo polinomial, mas também não se provou que um algoritmo deste tipo não pode existir. Portanto, para as chaves suficientemente grandes, o RSA é seguro, dado o conhecimento matemático atual em relação ao problema da fatoração de inteiros grandes.

84   Criptografia e Teoria dos Números

Mostraremos em uma tabela o tempo estimado para fatorar o número levando em consideração a quantidade de dígitos, e o número de operações matemáticas necessárias para isso. Dados estimados pelos próprios autores do RSA [13] são apresentados abaixo:

Quantidade de dígitos do número n	Número de operações	Tempo estimado
50	$1,4 \cdot 10^{10}$	3,9 horas
70	$9,0 \cdot 10^{12}$	104 anos
100	$2,3 \cdot 10^{15}$	74 ano
200	$1,2 \cdot 10^{23}$	$3,8 \cdot 10^{9}$ anos
300	$1,5 \cdot 10^{29}$	$4,9 \cdot 10^{15}$ anos
500	$1,3 \cdot 10^{39}$	$4,2 \cdot 10^{25}$ anos

TABELA 1

3.2. EXEMPLO

Para ilustrar o processo descrito anteriormente segue um exemplo concreto. Usaremos números pequenos para que seja oferecida qualquer segurança real.

A mensagem a ser codificada é **MODERNA 2015**.

Primeiramente, faremos a conversão da mensagem dada para uma sequência de números. Assim, obtemos a seguinte sequência:

222413142723103639373842

Escolhemos $p = 17$ e $q = 11$, então temos $n = pq = 17 \cdot 11 = 187$ e $\phi(n)$ $= (p - 1) \cdot (q - 1) = 16 \cdot 10 = 160$. Escolhemos $e = 7$. Agora vamos separar a nossa mensagem em blocos:

$$22 - 24 - 131 - 42 - 7 - 23 - 103 - 63 - 93 - 7 - 38 - 42$$

Logo, codificaremos cada bloco por vez com a seguinte chave pública, o par $(187, 7)$, e usaremos a fórmula de codificação $C(b) \equiv b^e \equiv b \ (mod \ n)$.

I. Bloco 22:

$$C(22) \equiv 22^7 \equiv (22^2)^3 \cdot 22 \ (mod \ 187)$$
$$\equiv 44 \ (mod \ 187)$$

Temos $C(22) = 44$.

II. Bloco 24:

$$C(24) \equiv 24^7 \equiv (24^2)^3 \cdot 24 \ (mod \ 187)$$
$$\equiv 29 \ (mod \ 187)$$

Temos $C(24) = 29$.

III. Bloco 131:

$$C(131) \equiv 131^7 \equiv (131^2)^3 \cdot 131 \ (mod \ 187)$$
$$\equiv 109 \ (mod \ 187)$$

Temos $C(131) = 109$.

86   Criptografia e Teoria dos Números

IV. Bloco 42:

$$C(42) \equiv 42^7 \equiv (42^2)^3 \cdot 42 \ (mod\ 187)$$
$$\equiv 15 \ (mod\ 187)$$

Temos $C(42) = 15$.

V. Bloco 7:

$$C(7) \equiv 7^7 \equiv (7^2)^3 \cdot 7 \ (mod\ 187)$$
$$\equiv 182 \ (mod\ 187)$$

Temos $C(7) = 182$.

VI. Bloco 23:

$$C(23) \equiv 23^7 \equiv (23^2)^3 \cdot 23 \ (mod\ 187)$$
$$\equiv 133 \ (mod\ 187)$$

Temos $C(23) = 133$.

VII. Bloco 103:

$$C(103) \equiv 103^7 \equiv (103^2)^3 \cdot 103 \ (mod\ 187)$$
$$\equiv 137 \ (mod\ 187)$$

Temos $C(103) = 137$.

VIII. Bloco 63:

$$C(63) \equiv 63^7 \equiv (63^2)^3 \cdot 63 \ (mod\ 187)$$
$$\equiv 24 \ (mod\ 187)$$

Temos $C(63) = 24$.

IX. Bloco 93:

$$C(93) \equiv 93^7 \equiv (93^2)^3 \cdot 93 \ (mod \ 187)$$
$$\equiv 168 \ (mod \ 187)$$

Temos $C(93) = 168$.

X. Bloco 7:

$$C(7) \equiv 7^7 \equiv (7^2)^3 \cdot 7 \ (mod \ 187)$$
$$\equiv 182 \ (mod \ 187)$$

Temos $C(7) = 182$.

XI. Bloco 38:

$$C(38) \equiv 38^7 \equiv (38^2)^3 \cdot 38 \ (mod \ 187)$$
$$\equiv 47 \ (mod \ 187)$$

Temos $C(38) = 47$.

XII. Bloco 42:

$$C(42) \equiv 42^7 \equiv (42^2)^3 \cdot 42 \ (mod \ 187)$$
$$\equiv 15 \ (mod \ 187)$$

Temos $C(42) = 15$.

Obtemos assim a mensagem codificada:

$$44 - 29 - 109 - 15 - 182 - 133 - 137 - 24 - 168 - 182 - 47 - 15$$

Para decodificar temos que determinar primeiramente o número d tal que $7d \equiv 1 \ (mod \ 160)$. Em outras palavras, $7d = k \cdot 160 + 1 \ (1)$; além do

88 Criptografia e Teoria dos Números

mais $d < 160$. Então, aplicaremos o algoritmo euclidiano estendido em (1) da seguinte forma $(-k) \cdot 160 + 7 \cdot d = 1$.

Sabemos que $\phi(n) = 160$ e $e = 7$, então vamos determinar d. Iremos recorrer a divisão sucessiva de 160 por 7 da seguinte forma:

$$160 = 7 \cdot 22 + 6 \Rightarrow 6 = 160 - 7 \cdot 22$$
$$7 = 6 \cdot 1 + 1 \Rightarrow 1 = 7 - 1 \cdot 6$$

Agora vamos determinar k e d.

$$1 = 7 - 1 \cdot 6 = 7 - 1 \cdot (160 - 7 \cdot 22)$$
$$= 7 - 1 \cdot 160 + 7 \cdot 22 = (-1) \cdot 160 + 7 \cdot 23$$

Portanto, temos $1 = (-1) \cdot \phi(n) + (7) \cdot d$. Logo, $k = 1$ e $d = 23$.

Outra forma de determinar d seria: $23 \cdot 7 = 161 = 11 \cdot 60 + 1$.

Agora que já possuímos o segundo elemento da chave privada, podemos ilustrar o processo de decodificação da nossa mensagem anteriormente codificada, seguindo a mesma linha de raciocínio. Sendo assim, para o nosso exemplo, temos como chave privada o par $(187, 23)$ e para cada bloco iremos usar a fórmula de decodificação $D(a) \equiv a^d \equiv a \pmod n$.

I. Bloco 44:

$$D(44) \equiv 44^{23} \equiv 44 \cdot 44^2 \cdot 44^4 \cdot 44^8 \cdot 44^8 \pmod{187}$$
$$\equiv 44 \cdot 66 \cdot 66^2 \cdot 66^4 \cdot 66^4 \pmod{187}$$
$$\equiv 44 \cdot 66 \cdot 55 \cdot 55^2 \cdot 55^2 \pmod{187}$$
$$\equiv 44 \cdot 66 \cdot 55 \cdot 33 \cdot 33 \pmod{187}$$
$$\equiv 99 \cdot 55 \cdot 33^2 \pmod{187}$$
$$\equiv 22 \cdot 154 \pmod{187}$$
$$\equiv 3388 \pmod{187}$$
$$\equiv 22 \pmod{187}$$

Assim, temos $D(44) = 22$.

De maneira análoga, chegamos aos demais resultados sem muitas dificuldades.

II. Bloco 29:

$$D(29) \equiv 29^{23} \ (mod \ 187)$$
$$\equiv 24 \ (mod \ 187)$$

Temos $D(29) = 24$.

III. Bloco 109:

$$D(109) \equiv 109^{23} \ (mod \ 187)$$
$$\equiv 131 \ (mod \ 187)$$

Temos $D(109) = 131$.

IV. Bloco 15:

$$D(15) \equiv 15^{23} \ (mod \ 187)$$
$$\equiv 42 \ (mod \ 187)$$

Temos $D(15) = 42$.

V. Bloco 182:

$$D(182) \equiv 182^{23} \ (mod \ 187)$$
$$\equiv 7 \ (mod \ 187)$$

Temos $D(182) = 7$.

VI. Bloco 133:

$$D(133) \equiv 133^{23} \ (mod \ 187)$$
$$\equiv 23 \ (mod \ 187)$$

Temos $D(133) = 23$.

VII. Bloco 137:

$$D(137) \equiv 137^{23} \ (mod \ 187)$$
$$\equiv 103 \ (mod \ 187)$$

Temos $D(133) = 103$.

VIII. Bloco 24:

$$D(24) \equiv 24^{23} \ (mod \ 187)$$
$$\equiv 63 \ (mod \ 187)$$

Temos $D(24) = 63$.

IX. Bloco 168:

$$D(168) \equiv 168^{23} \ (mod \ 187)$$
$$\equiv 93 \ (mod \ 187)$$

Temos $D(168) = 93$.

X. Bloco 182:

$$D(182) \equiv 182^{23} \ (mod \ 187)$$
$$\equiv 7 \ (mod \ 187)$$

Temos $D(182) = 7$.

XI. Bloco 47:

$$D(47) \equiv 47^{23} \ (mod \ 187)$$
$$\equiv 38 \ (mod \ 187)$$

Temos $D(47) = 38$.

XII. Bloco 15:

$$D(15) \equiv 15^{23} \ (mod \ 187)$$
$$\equiv 42 \ (mod \ 187)$$

Temos $D(15) = 42$.

Logo, a sequência decodificada será:

$$22 - 24 - 133 - 42 - 7 - 23 - 103 - 63 - 93 - 7 - 38 - 42$$

Que corresponde, via tabela de conversão, à mensagem **MODERNA 2015**.

Evidentemente, o módulo escolhido $n = 187$ é pequeno o bastante para oferecer qualquer segurança real. Por outro lado, mesmo para esse valor pequeno, as contas de exponenciação são bastante grandes para serem feitas somente com o uso de lápis e papel.

Observação.

1. Mesmo que já tenhamos explanado sobre a segurança do método RSA, vale apena discutirmos um pouco mais. Então, de fato, uma das coisas que garante a eficiência do método RSA é a inexistência de uma ferramenta que consiga fatorar rapidamente números muito grandes. Se os primos p e q são muito grandes, o nosso n fica maior ainda. Quando falamos em números grandes, estamos

92   Criptografia e Teoria dos Números

pensando em números de 200 algarismos ou mais. Dessa forma, o n não fica fácil de ser fatorado como visto na tabela 1. Fatorar n significa descobrir quem são os primos p e q. Ainda que conhecêssemos o valor de n, se não conseguíssemos descobrir os primos p e q, ficaríamos sem saber quem eram os números $p-1$ e $q-1$ e aí, não poderíamos calcular o módulo $(p-1) \cdot (q-1)$ e sem esse módulo não conseguiríamos descobrir o valor do número d, expoente da fórmula de decodificação. Por isso, o número n pode ser um elemento público; todos podem conhecer, mas as pessoas não conseguirão decodificar por não saber ou não conseguirem calcular o valor do número d.

2. Se p e q são primos muito grandes, eles certamente são números ímpares e portanto, $p-1$ é um número par e $q-1$ também é um número par. Logo, o produto $(p-1) \cdot (q-1)$ será também um número par. Se escolhermos para e um valor par, quando formos calcular o inverso desse e módulo $(p-1) \cdot (q-1)$ teremos problemas, porque o e sendo par e esse produto também sendo par, não existirá o inverso desse e. Chegamos então à conclusão de que o e deve ser escolhido sendo um número ímpar. Mesmo assim podem surgir problemas. Vejamos isso através de um exemplo:

Exemplo 3.1.

Sejam $p = 5$ e $q = 7$, então $n = p \cdot q = 5 \cdot 7 = 35$ e $\phi(n) = (p-1) \cdot q - 1 = 4 \cdot 6 = 24$. Escolhemos $e = 3$, ímpar. Codificaríamos a mensagem normalmente, mas no momento da decodificação teríamos problemas no cálculo do d porque 24 é múltiplo de 3. E neste caso não existe o inverso de 3 módulo 24. Em outras palavras, $3d \not\equiv 1$ $(mod\ 24)$.

Capítulo 3: Método de Criptografia RSA   93

Então, a partir desse exemplo podemos concluir que o problema só existiu por causa da escolha do $e = 3$? A resposta é não. A escolha dos números primos p e q também contribuiu. Então como proceder na escolha dos números primos p e q de forma que esse tipo de problema pare de acontecer?

A resposta a isso, é que podemos uniformizar o valor de e, e para isto temos que atribuir uma hipótese sobre a escolha dos primos p e q de forma que nos garanta que o inverso sempre exista.

É esperado que o leitor fique atento ao que está sendo realizado. O fato é que para solucionar o problema devemos particularizar o nosso valor de e para 3 e o "truque" para escolhermos os primos p e q é que ambos sejam congruentes a 5 módulo 6. Isso garantirá que sempre teremos 3 inversível módulo $(p - 1) \cdot (q - 1)$ e será fácil calcular o valor do número d.

O que estamos realizando é uma limitação no método RSA. Já vimos anteriormente que o método RSA pode ser implementado usando quaisquer dois expoentes inteiros positivos, para codificação e para decodificação.

Então vamos entender essa limitação agora. Escolhemos p e q de

$$p \equiv 5 \ (mod \ 6) \Rightarrow p - 1 \equiv 4 \ (mod \ 6) \qquad (1)$$

$$q \equiv 5 \ (mod \ 6) \Rightarrow q - 1 \equiv 4 \ (mod \ 6) \qquad (2)$$

Multiplicando (1) por (2) ambos os membros da 2ª congruência

$$(p - 1) \cdot (q - 1) \equiv 16 \equiv 4 \ (mod \ 6), \text{ isso nos diz que}$$

$$(p - 1) \cdot (q - 1) = 6k + 4, \text{ para algum } k \text{ inteiro.}$$
$$= 6k + 3 + 1$$

Nesta última igualdade, iremos fatorar o segundo membro, aí teremos que $(p-1) \cdot (q-1) = 3(2k+1) + 1$. Agora isolando $3(2k+1)$ na equação temos, $3(2k+1) = (p-1) \cdot (q-1) - 1$. E como $(p-1) \cdot (q-1) = 6 \cdot k + 4$, teremos que $3(2k+1) = (6k+4) - 1$. Assim podemos escrever em nova congruência.

$3(2k+1) \equiv -1 \ (mod \ (6k+4))$. E multiplicando por menos um (-1) ambos os lados da congruência, resulta em

$3(4k+3) \equiv 1 \ (mod \ (6k+4))$

Observemos que $(4k+3) = d$.

Este resultado que acabamos de deduzir é na verdade um algoritmo que não só nos garante a existência do inverso, como também nos ajuda a calculá-lo. E lembrem-se sempre que o resultado só é válido quando escolhemos os primos p e q congruentes a 5 módulo 6. Essas hipóteses para o resultado são realmente necessárias.

Vejamos:

Sejam $p = 5$ e $q = 11$, percebemos que ambos são congruentes a 5 módulo 6.

$p = 5 \equiv 5 \ (mod \ 6)$

$q = 11 \equiv 5 \ (mod \ 6)$

Portanto, podemos aplicar $3(4k+3) \equiv 1 \ (mod \ (6k+4))$. Para isso, teremos $(p-1) \cdot (q-1) = (5-1) \cdot (11-1) = 4 \cdot 10 = 40$. Daí, temos que $40 = 6k + 4 \Rightarrow k = 6$. Substituindo o valor de k em $4k + 3 = 4 \cdot 6 + 3 = 27$, observamos que se k é 6, o valor de $d = 27$. Além de determinar d sem muito esforço ainda garante a existência do inverso.

No exemplo da seção 3.2, usamos como chaves pública e privada (187, 7) e (187, 23) respectivamente, e escolhemos os primos $p = 17$ e $q = 11$. Lá implementamos o método RSA no caso geral, mas também podemos usar a fórmula $3(4k + 3) \equiv 1(mod\ (6k + 4))$, porque ambos os primos $p = 17$ e $q = 11$, que escolhemos satisfazem a hipótese de serem congruentes a 5 módulo 6. Em outras palavras,

$p = 17 \equiv 5\ (mod\ 6)$

$q = 11 \equiv 5\ (mod\ 6)$

Então, teremos como chave pública o par (187, 3) e fica como exercício a codificação da respectiva mensagem, ficando a critério do leitor usar ou não os mesmos blocos observando que o par (187, 3) é a nova chave.

Caso o leitor tenha interesse poderá com o auxílio da fórmula, calcular o valor de d, encontrar a chave privada e decodificar a mensagem acima codificada[1].

3.3.   ASSINATURAS

O desenvolvimento mais importante na criptografia de chave pública é a assinatura digital. A assinatura digital é uma técnica criptográfica usada para identificar o dono ou o criador de um documento ou deixar claro que alguém concorda com o conteúdo de um documento, ou seja, é a tentativa de tornar o mundo digital análogo ao mundo real.

---

[1] Maiores detalhes sobre essa limitação do método RSA ler [5].

96 Criptografia e Teoria dos Números

Não é difícil mandar uma mensagem assinada utilizando o RSA ou qualquer outro sistema de chave pública.

Imaginemos que um cliente necessita se comunicar com uma loja via computadores. Suponhamos que a cliente e a loja possuam uma chave pública C e sua respectiva chave privada D.

Vamos chamar de C_m e D_m as chaves de codificar e decodificar da cliente Maria e C_l e D_l as chaves de codificar e decodificar da Loja. Seja M uma mensagem que Maria deseja mandar para a loja. Para mandar uma mensagem assinada, Maria deveria codificar a mensagem M da forma $C_m(M)$ e enviá-la pelo computador. Mas em vez de ser enviada $C_m(M)$, Maria envia $D_l(C_m(M))$. Quando a loja receber a mensagem codificada por Maria, deverá decodificar e para isto fará uso de sua chave privada e pública, assim

$$D_l \left(C_m \left(D_m \left(C_l(M) \right) \right) \right) = D_l \left(D_m(M) \right) = M$$

Se a mensagem final fizer sentido, então é certo que a mensagem original foi a de Maria.

Assim, observamos que o método RSA fornece uma maneira simples e elegante de assinar digitalmente, uma maneira que é verificável, não falsificável e incontestável e que protege contra modificações posteriores do documento.

A assinatura digital é muito utilizada em movimentações que necessitam de uma maior segurança, como transações comerciais, bancárias e até mesmo um recado por e-mail que deixou de ser apenas uma ferramenta de recados para se tornar também uma ferramenta de negócios, sendo consequentemente importante ter certeza da identidade do receptor.

Através da Internet as empresas viabilizam as adaptações de negócios do mundo real para o virtual, economizando tempo e dinheiro. Já os bancos desejam assinar digitalmente contratos diversos com seus clientes e parceiros para reduzir custo e tempo. Um bom exemplo são contratos de câmbio.

3.4. **CONSIDERAÇÕES FINAIS**

O livro teve como meta entender e mostrar que a criptografia tem desempenhado ao longo do tempo um papel cada vez mais importante na sociedade. Vimos que desde os primórdios das técnicas criptográficas a Matemática vem sendo empregada, tendo sido modestamente visualizada na criptoanálise por análise de frequência dos métodos de cifras monoalfabética e polialfabética. Verificou-se também o emprego de conceitos matemáticos na construção dos computadores que eram utilizados tanto para a criptografia quanto para a criptoanálise.

Por fim, houve o emprego da álgebra abstrata e da aritmética modular envolvendo números primos e teorema de Euler na concretização do método de criptografia assimétrica, fazendo surgir o RSA o qual veio solucionar o problema de segurança na comunicação. Garantindo a transmissão de informações confidenciais através de redes inseguras e ainda a autenticação do usuário extremamente necessária em transações bancárias.

A matemática e a criptografia estão fortemente interligadas, embora seus respectivos desenvolvimentos históricos terem ocorrido em épocas distintas.

Se no passado a criptografia era mandatória por conta do estado de guerra entre as nações, atualmente, com o advento da Internet e outras tecnologias de comunicação, as próprias relações interpessoais e comerciais por vezes não podem prescindir do tratamento criptográfico. O prospecto, para

98 Criptografia e Teoria dos Números

os tempos vindouros, é o de um crescente uso de técnicas aqui descritas e de outras, que possam ser tecnicamente mais rebuscadas, embora tal uso possa ocorrer de modo transparente às pessoas de um modo geral.

3.5. **EXERCÍCIOS**

Texto para os itens 1 a 6:

Atualmente, o RSA constitui o método de criptografia com chave pública mais utilizado em aplicações comerciais. Para a implementação desse método, é preciso escolher dois números primos, p e q, e um número inteiro positivo e que seja inversível em relação à operação de multiplicação módulo $\phi(n)$, em que $n=pq$ e ϕ é a função de Euler que retorna a quantidade de números inteiros positivos menores que n e relativamente primos com n. A chave de codificação pública é formada por n e e. A chave de decodificação é formada por n e d – o inverso de e módulo $\phi(n)$. Os números p, q e d devem ser mantidos sob segredo. A segurança do método depende de uma escolha adequada dos números primos p e q que torne o mais possível a descoberta do número d, que compõe a chave de decodificação.

Texto extraído do site da UNB/CESPE-ABIN-2010
Do concurso cargo- Oficial Técnico de Inteligência
Área de criptoanálise – Estatística
Pequenas alterações foram feitas

Considerando o texto e as propriedades das estruturas algébricas conhecidas dos números inteiros, julgue os itens subsequentes em C para CERTO e E para ERRADO.

Capítulo 3: Método de Criptografia RSA   99

1.   O inverso multiplicativo de e no conjunto dos números inteiros módulo $\phi(n)$ pode ser obtido a partir da soluçãoda equação $ex + \phi(n) \, y = 1$, nas incógnitas x e y.

2.   Se os números primos p e q escolhidos produzirem um número n muito grande, então haverá uma quantidade muito grande de pares de números primos cujo produto também é igual a n. Por esse motivo, é muito difícil que alguém descubra os valores de p e q e, a partir deles, a chave de decodificação, o que garante a segurança do método RSA.

Considerando as informações do texto e as escolhas $p = 5$ e $q = 11$, julgue os itens em CERTO ou ERRADO.

3.   Se os números $n = 55$ e $e = 7$ formam uma chave de codificação para o método RSA, então a chave de decodificação será formada pelos números $n = 55$ e $d = 23$.

4.   O número $e = 6$ é uma escolha apropriada para compor, juntamente com $n = 55$, uma chave de codificação para o método RSA.

Uma versão simplificada do processo de codificação e de decodificação RSA é apresentada a seguir.

Etapa 1 – Pré-codificação (converte a mensagem em uma sequência de números)

Passo 1. Converta cada letra da mensagem em um número, segundo a tabela abaixo, substituindo o espaço entre as palavras pelo número 36 e desconsiderando os acentos.

100 Criptografia e Teoria dos Números

Passo 2. Divida a sequência de dígitos produzida no passo 1 em blocos disjuntos, de modo que cada bloco b seja um número menor que n e não iniciada por zero.

Etapa 2 – Codificação: para cada bloco b obtido no passo 2 da etapa 1, calcule o bloco codificado a da seguinte forma: $a = C(b)$ = resto da divisão euclidiana de b^e por n.

Etapa 3 – Decodificação: para cada bloco a da mensagem codificada, calcule $\hat{b}$ da seguinte forma: $\hat{b} = D(a)$ = resto da divisão euclidiana de a^d por n.

A	B	C	D	E	F	G	H	I	J	K	L	M
10	11	12	13	14	15	16	17	18	19	20	21	22
N	O	P	Q	R	S	T	U	V	W	X	Y	Z
23	24	25	26	27	28	29	30	31	32	33	34	35

Considerando as informações do texto, $p = 5$ e $q = 11$, e, ainda, o processo acima descrito, julgue os próximos itens em CERTO ou ERRADO.

5. Se $e = 3$, então a mensagem PAZ será codificada na sequência de dígitos 051030.

6. Após o primeiro passo da etapa de pré-codificação do processo acima, a mensagem ESPIONAR É PRECISO será convertida nos números, 142825182423102714252714121 82824.

7. Seja uma mensagem codificada, $13 - 7 - 10$, pelo método RSA usando a chave de codificação $(35, 7)$. Além disso, sabe-se que $\phi(n) = 24$. Decodifique a mensagem.

Apêndice

RESOLUÇÕES
DOS EXERCÍCIOS

CAPÍTULO 1

1. a

2. e

3.

    a. AAEAIALNAMTMTCEID

A		A		E		A		I		A		L		N		A
	M		T		M		T		C		E		I		D	

    Mensagem original: A MATEMÁTICA É LINDA.

    b. SOUSLAOMRALIIHDAO

S		O		U		S		L		A		O		M		R
	A		L		I		I		H		D		A		O	

    Mensagem original: SÃO LUIS ILHA DO AMOR.

    Observação: Quando a mensagem cifrada tiver um número ímpar de letras, a linha superior terá uma letra a mais que a inferior. Mas quando esse número de letras for par, as linhas possuirão a mesma quantidade de letras. Lembre-se que a primeira letra é alocada na parte superior da linha.

104 Criptografia e Teoria dos Números

4.

a. ORED#UOSCREDONEGSDINSICM#TVIO#OLAAA. (A Palavra chave é EDITORA)

ORDEM	3	2	4	7	5	6	1
CHAVE	**E**	**D**	**I**	**T**	**O**	**R**	**A**
	E	U	G	O	S	T	O
	D	O	S	L	I	V	R
	O	S	D	A	C	I	E
	N	C	I	A	M	O	D
	E	R	N	A	#	#	#

Mensagem original: EU GOSTO DOS LIVROS DA CIÊNCIA MODERNA.

b. NEVIHEIAIAARMMMOAUT#. (A Palavra chave é PODER.)

ORDEM	4	3	1	2	5
CHAVE	**P**	**O**	**D**	**E**	**R**
	M	I	N	H	A
	M	A	E	E	U
	M	A	V	I	T
	O	R	I	A	#

Mensagem original: MINHA MÃE É UMA VITÓRIA.

Apêndice: Resoluções dos Exercícios **105**

c. MVAAAUEET#OARBIEOSSO. (A Palavra chave é PERI.)

ORDEM	3	1	4	2
CHAVE	**P**	**E**	**R**	**I**
	O	M	E	U
	A	V	O	E
	R	A	S	E
	B	A	S	T
	I	A	O	#

Mensagem original: O MEU AVÔ ERA SEBASTIÃO.

d. AIINEIDARHMOEFAAA#LOIDR#. (A Palavra chave é AMOR.)

ORDEM	1	2	3	4
CHAVE	**A**	**M**	**O**	**R**
	A	D	E	L
	I	A	F	O
	I	R	A	I
	N	H	A	D
	E	M	A	R
	I	O	#	#

Mensagem original: ADELIA FOI RAINHA DE MARIO.

5. Vimos que na cifra de César trocamos A por D, B por E, e assim sucessivamente. Logos as mensagens originais são:

a. SULQFLSHGRVDPDDGRUHV.

PRÍNCIPE DOS AMADORES.

b. QDRGHVLVWDGDPDWHPDWLPD.

NÃO DESISTA DA MATEMÁTICA.

106 Criptografia e Teoria dos Números

6. Decifrar as mensagens através do método da Cifra de Vigenère.

a. UWIQTDWNYRJEDW. (A Palavra chave é URIELSON.)

CHAVE	U	R	I	E	L	S	O	N	U	R	I	E	L	S
CIFRADA	U	W	I	Q	T	D	W	N	Y	R	J	E	D	W
ORIGINAL	A	F	A	M	I	L	I	A	E	A	B	A	S	E

Mensagem original: A FAMILIA É A BASE.

b. OHWEULRIAPYOAVFE. (A Palavra chave é ADELAIDE.)

CHAVE	A	D	E	L	A	I	D	E	A	D	E	L	A	I	D	E
CIFRADA	O	H	W	E	U	L	R	I	A	P	Y	O	A	V	F	E
ORIGINAL	O	E	S	T	U	D	O	E	A	M	U	D	A	N	C	A

Mensagem original: O ESTUDO É A MUDANÇA.

c. HHEQDLWENDYITK. (A Palavra chave é EDMILSON.)

CHAVE	E	D	M	I	L	S	O	N	E	D	M	I	L	S
CIFRADA	H	H	E	Q	D	L	W	E	N	D	Y	I	T	K
ORIGINAL	D	E	S	I	S	T	I	R	J	A	M	A	I	S

Mensagem original: DESISTIR JAMAIS.

7. Criatividade pessoal.

CAPÍTULO 2

1. Sejam A o dividendo e B o divisor, então pelo algoritmo da divisão temos $A = 16B + 167 \Rightarrow A - 167 = 16B$ (1). O maior valor a ser somado A e à B isto implica numa divisão exata, ou seja, $r = 0$. Assim, teremos $A + x = 16 (B + x) \Rightarrow A + x = 16B + 16x$ (2)

   Substituindo (1) em (2) obtemos $A + x = A - 167 + 16x \Rightarrow 15x = 167$.

   Como x deve ser inteiro, então o maior valor que x pode assumir é 11.

   Portanto, $167 = 11 \cdot 15 + 2$.

2. primeiramente

$$252 = 1 \cdot 198 + 54 \Rightarrow 54 = 252 - 1 \cdot 198$$
$$198 = 3 \cdot 54 + 36 \Rightarrow 36 = 198 - 3 \cdot 54$$
$$54 = 1 \cdot 36 + 18 \Rightarrow 18 = 54 - 1 \cdot 36$$
$$36 = 2 \cdot 18$$

   Logo, o mdc (252, 198) = 18 é o último resto não nulo no processo descrito anteriormente.

   Agora vamos determinar α e β através do algoritmo euclidiano estendido.

$$18 = 54 - 1 \cdot 36 = 54 - 1 \cdot (198 - 3 \cdot 54) = (-1) \cdot 198 + 4 \cdot 54$$
$$= (-1) \cdot 198 + 4 \cdot (252 - 1 \cdot 198) = (-1) \cdot 198 + 4 \cdot 252 \cdot (-4) \cdot 198$$
$$= (4) \cdot 252 + (-5) \cdot 198$$

108   Criptografia e Teoria dos Números

Portanto, temos $18 = (4) \cdot a + (-5) \cdot b$. Logo $\alpha = 4$ e $\beta = -5$.

3.   Como $\sqrt{655009} = 809,32\ldots$ a parte inteira da raiz quadrada é $\lfloor 809,32\ldots \rfloor = 809$.

Devemos ao iniciar o cálculo na tabela, começar pelo valor $809 + 1 = 810$. Portanto, os fatores são:

x	$y = \sqrt{x^2 - n}$
810	33,03
811	52,07
812	65,84
813	77,20
814	87,10
815	96

Portanto, $x = 815$ e $y = 96$. De modo que os fatores desejados são $x + y = 815 + 96 = 911$ e $x - y = 815 - 96 = 719$.

4.   I) Se $a|bc$ então existe um número c tal que $ac = bc$.

II) $mdc\,(a, b) = 1$.

Existem m e n tal que $am + bn = 1$.

$am + bn = 1$, multiplicando por c, temos

$cam + bcn = c$. Substituindo bc por ac, segue

$acm + acn = c \Rightarrow a\,(cm + cn) = c \Rightarrow a \mid c$.

5.   Em outras palavras, sejam a, b, c três inteiros e se $a \mid bc$ e $a \nmid b$ será que a divide c.

Sejam $a = 6$, $b = 4$ e $c = 9$ temos claramente que:

Apêndice: Resoluções dos Exercícios   109

$a|bc \Rightarrow 6|4 \cdot 9 \Rightarrow 6|36$ e $a \nmid b$, pois $6 \nmid 4$ e a conclusão que temos é $a \nmid c$, porque $6 \nmid 9$. Logo, a hipótese de a e b seres primos entre si é fundamental para que o resultado seja válido.

6. Por hipótese, temos $a^2 \equiv 1 \ (mod \ p)$, logo $a^2 - 1 \equiv 0 \ (mod \ p)$ isto implica que $p|(a^2 - 1) \Rightarrow p|(a - 1) \cdot (a + 1)$.

Pela propriedade fundamental dos números primos, segue que $p \mid (a - 1)$ ou $p \mid (a + 1)$ logo $a \equiv 1 \ (mod \ p)$ ou $a \equiv -1 \ (mod \ p)$.

7.

a. Em geral, o nosso ano tem 365 dias e esses dias são agrupados em 7 dias que chamamos de semana. Portanto, cada semana é composta por 7 dias. Então, pelo algoritmo da divisão, temos $365 = 7 \cdot 52 + 1$. Isso significa que em um ano com 365 dias, temos 52 semanas completas (de domingo a sábado) e sobra 1 dia. Assim, este 1 dia que sobra é o resto do algoritmo da divisão e ele nos indica que o ano começa e termina no mesmo dia da semana. Portanto, em 2014 o último dia do ano caiu em uma quarta-feira.

b. Como o ano de 2014 terminou em uma quarta-feira, então o ano de 2015 iniciou e também terminou em uma quinta-feira. Então, seguindo essa lógica, o ano de 2016 começou em uma sexta-feira e deverá terminar em uma sexta-feira. Mas não é bem assim. Existem os anos chamados de bissextos, eles possuem 366 dias, têm um dia a mais, que é colocado sempre no mesmo lugar, ou seja, em 29 de fevereiro.

Como identificar quando um ano for bissexto?

Múltiplo de 4 — é bissexto. Exemplos — anos 1988, 1992, 1996, 2004, 2008, 2012, 2016, 2020.

Múltiplo de 4 e múltiplo de 100 — não é bissexto. Exemplo — anos 1700, 1800, 1900, 2100, 2200, 2300, 2500, 2600.

Múltiplo de 4, múltiplo de 100 e múltiplo de 400 — é bissexto. Exemplo — anos 1600, 2000, 2400.

Claramente, quando o ano for bissexto, teremos pelo algoritmo da divisão $366 = 7 \cdot 52 + 2$. Significa que o ano começa em um dia da semana e termina no dia seguinte. Portanto, o ano de 2016 começou em uma sexta-feira e terminará em um sábado.

c. Existem anos que começam em uma segunda-feira e terminamem uma segunda-feira. Mas se o ano for bissexto, ele começará em uma segunda-feira e terminará em uma terça-feira. E assim sucessivamente.

Anos com 365 dias (início - término)	Anos bissextos (início - término)
segunda – segunda	segunda – terça
terça – terça	terça – quarta
quarta – quarta	quarta – quinta
quinta – quinta	quinta – sexta
sexta – sexta	sexta – sábado
sábado – sábado	sábado – domingo
domingo – domingo	domingo – segunda

Portanto, teremos 14 calendários diferentes, 7 com 365 dias e 7 com 366 dias.

Em relação à segunda pergunta quanto tempo levaríamos, se fôssemos usar os 14 calendários em uma ordem natural em que os anos vão passando. Para isso, vamos admitir duas regras para nos auxiliar na contagem. A primeira é que o número 1 representa o ano 1, número 2 representa o ano 2, e assim sucessivamente. A segunda é que toda vez que um número for múltiplo de 4 significa que o ano é bissexto. Então, imaginamos que o 1 comece numa segunda feira. Vamos a tabela.

Anos com 365 dias (início - término)	Anos bissextos (início - término)
(segunda-segunda) - 1 - 7 - 18	(segunda-terça) - 24
(terça-terça) - 2 - 13 - 19	(terça-quarta) - 8
(quarta-quarta) - 3 - 14 - 25	(quarta-quinta) - 20
(quinta-quinta) - 9 - 15 - 26	(quinta-sexta) - 4
(sexta-sexta) - 10 - 21 - 27	(sexta-sábado) - 16
(sábado-sábado) - 5 - 11 - 22	(sábado-domingo) - 28
(domingo-domingo) - 6 - 17 - 23	(domingo-segunda) - 12

Então, seguindo a ordem numérica, percebemos que percorremos todos os 14 calendários anuais e precisamos de 28 anos para usarmos todos os calendários. E observe que os calendários dos anos bissextos foram todos usados apenas uma única vez. Já os outros calendários foram todos usados três vezes cada. Portanto, para usar os 14 calendários, precisamos de 28 anos corridos.

8.

a. Como $p = 17$ é primo e $17 \nmid 2$, temos que $2^{17-1} = 2^{16} \equiv 1 \ (mod \ 17)$. Sendo, $172 = 16 \cdot 10 + 12$, temos:

$$2^{172} = (2^{16})^{10} \cdot 2^{12} \equiv 1^{10} \cdot 2^{12} (mod \ 19) \Rightarrow$$
$$\Rightarrow 2^{172} \equiv 2^{10} \cdot 2^2 (mod \ 19) \equiv 4 \cdot 4 \ (mod \ 17) \equiv 16 \ (mod \ 17).$$

Portanto, o resto da divisão de 2^{172} por 17 é 16.

b. Como $p = 23$ é primo e $23 \nmid 3$, temos que $2^{23-1} = 2^{22} \equiv 1 \ (mod \ 23)$. Sendo, $334 = 22 \cdot 15 + 4$, temos:

$$2^{334} = (3^{22})^{15} \cdot 3^4 \equiv 1^{15} \cdot 3^4 (mod \ 23) \equiv 3^4 (mod \ 23) \equiv 12 \ (mod \ 23).$$

Portanto, o resto da divisão de 3^{334} por 23 é 12.

112 Criptografia e Teoria dos Números

c. Como $p = 127$ é primo e $127 \nmid 5$, temos que $5^{127-1} = 5^{126} \equiv 1 \ (mod\ 127)$. Sendo, $1266 = 126 \cdot 10 + 6$, temos:

$$5^{1266} = (5^{126})^{10} \cdot 5^6 \equiv 1^{10} \cdot 5^6 (mod\ 127) \equiv 4 \ (mod\ 127).$$

Portanto, o resto da divisão de 5^{1266} por 127 é 4.

d. Observemos que $35 = 2^5 + 2 + 1$, logo

$$12^{35} = 12^{2^5} \cdot 12^2 \cdot 12 \equiv 6^5 \cdot 6 \cdot 12 \ (mod\ 23)$$
$$\equiv 2 \cdot 6 \cdot 12 \ (mod\ 23) \equiv 2 \cdot 3 \ (mod\ 23) \equiv 6 \ (mod\ 23).$$

Portanto, o resto da divisão de 12^{35} por 23 é 6.

e. Como $p = 17$ é primo e $17 \nmid 5$, temos que $2^{17-1} = 2^{16} \equiv 1 \ (mod\ 17)$. mas $100\ 000 = 6250 \cdot 16$, temos:

$$2^{100000} = (2^{16})^{6250} \equiv 1^{6250} (mod\ 17) \equiv 1 \ (mod\ 17).$$

Portanto, o resto da divisão de $2^{1000000}$ por 17 é 1.

9. Temos que $1024 = 2^{10}$, assim $\phi(1024) = \phi(2^{10})$. Como 2 é primo, podemos usar o teorema 2.37

$$\phi(1024) = \phi(2^{10}) = 2^{10} - 2^9 = 2^9 = 512. \text{ Logo } \phi(1024) = 512.$$

10. Temos que $\phi(34) = \phi(2) \cdot \phi(17) = (2-1) \cdot (17-1) = 16$. Então, pelo teorema de Euler, temos $3^{16} \equiv 1 \ (mod\ 34)$. Assim:

$$3^{100} \equiv (3^{16})^6 \cdot 3^4 (mod\ 34)$$
$$\equiv (1)^6 \cdot 3^4 (mod\ 34) \equiv 81 \equiv 13 \ (mod\ 34).$$

Portanto 13 é o resto da divisão de 3^{100} por 34.

Apêndice: Resoluções dos Exercícios   113

CAPÍTULO 3

1. O item está certo. Porque a equação $ex + \phi(n) = 1$ nada mais é do que a utilização do algoritmo euclidiano estendido.

2. O item está errado. Porque para o produto de p por q só haverá um par de primos cujo produto seja n. E além do mais, a dificuldade para descobrir os valores de p e q está inserido no fato de sua fatoração que é o que garante a segurança do método RSA.

3. O item está certo. Porque $7d \equiv 1 \ (mod \ 40) \Rightarrow 7d = k \cdot 40 + 1$. Temos:

$$40 = 7 \cdot 5 + 5 \Rightarrow 5 = 40 - 7 \cdot 5$$
$$7 = 5 \cdot 1 + 2 \Rightarrow 2 = 7 - 5 \cdot 1$$
$$5 = 2 \cdot 5 + 1 \Rightarrow 1 = 5 - 2 \cdot 2$$

Logo, temos:

$$1 = 5 - 2 \cdot 2$$
$$= 5 - 2 \cdot (7 - 5 \cdot 1) = 5 - 2 \cdot 7 + 2 \cdot 5 = -2 \cdot 7 + 3 \cdot 5$$
$$= -2 \cdot 7 + 3 \cdot (40 - 7 \cdot 5) = -2 \cdot 7 + 3 \cdot 40 - 15 \cdot 7$$
$$= 3 \cdot 40 + (-17) \cdot 7.$$

Sendo $d = -17$, mas como d será um expoente de potência, então d deve ser um valor positivo. Portanto $d = 40 - 17 = 23$, que é o menor inteiro positivo congruente a -17 módulo 40.

4. O item está errado. Assim $6d \not\equiv 1 \ (mod \ 40)$, porque $mdc \ (6, 40) \neq 1$. Logo, não existe o inverso a 6 módulo 40.

114   Criptografia e Teoria dos Números

5. O item está certo. Sejam $p = 5$ e $q = 11$ e $e = 3$. Seja $n = pq = 5 \cdot 11 = 55$. Convertendo a mensagem PAZ em números, via tabela de conversão, temos a sequência numérica 251035.

Dividindo a sequência em blocos, $25 - 10 - 35$
$$C(25) \equiv 25^3 \ (mod \ 55)$$
$$\equiv 5 \ (mod \ 55)$$
Logo, temos $C(25) = 5$.
$$C(10) \equiv 10^3 \ (mod \ 55)$$
$$\equiv 10 \ (mod \ 55)$$
Logo, temos $C(10) = 10$.
$$C(35) \equiv 35^3 \ (mod \ 55)$$
$$\equiv 30 \ (mod \ 55)$$
Logo, temos $C(35) = 30$.

Logo, realmente temos a sequência 051030.

6. O item está errado. Faltaram os dígitos dos espaços entre as palavras. 1428251824231027 14 25271412182824 (Contagem de como está no item). 142825182423102736143625271412182824 (Contagem de como deveria ser).

7. Precisamos determinar d para podermos compor a chave de decodificação. E para isso, devemos ter $d < 24$ e tal que $de \equiv 1 \ (mod \ (24))$.

Logo, $d = 7$ pois, $7 \cdot 7 = 49 = 1 + 48 = 2 \cdot 24 + 1$.

Bloco I

$$D(13) \equiv 13^7 \equiv 13^2 \cdot 13^2 \cdot 13^2 \cdot 13 \ (mod \ 35)$$
$$\equiv 29 \cdot 29 \cdot 29 \cdot 13 \ (mod \ 35)$$
$$\equiv 29^2 \cdot 29 \cdot 13 \ (mod \ 35)$$
$$\equiv 1 \cdot 29 \cdot 13 \ (mod \ 35)$$
$$\equiv 337 \ (mod \ 35)$$
$$\equiv 27 \ (mod \ 35)$$

Logo, $D(13) = 27$.

Bloco II

$$D(7) \equiv 7^7 \equiv 7^2 \cdot 7^2 \cdot 7^2 \cdot 7 \ (mod \ 35)$$
$$\equiv 14 \cdot 14 \cdot 14 \cdot 7 \ (mod \ 35)$$
$$\equiv 14^2 \cdot 14 \cdot 7 \ (mod \ 35)$$
$$\equiv 21 \cdot 14 \cdot 7 \ (mod \ 35)$$
$$\equiv 14 \cdot 7 \ (mod \ 35)$$
$$\equiv 28 \ (mod \ 35)$$

Logo, $D(7) = 28$.

Bloco III

$$D(10) \equiv 10^7 \equiv 10^2 \cdot 10^2 \cdot 10^2 \cdot 10 \ (mod \ 35)$$
$$\equiv 30 \cdot 30 \cdot 30 \cdot 10 \ (mod \ 35)$$
$$\equiv 30^2 \cdot 30 \cdot 10 \ (mod \ 35)$$
$$\equiv 25 \cdot 30 \cdot 10 \ (mod \ 35)$$
$$\equiv 15 \cdot 10 \ (mod \ 35)$$
$$\equiv 10 \ (mod \ 35)$$

Logo, $D(10) = 10$.

Logo, temos $27 - 28 - 10$. Via tabela de conversão temos que a mensagem é RSA, a sigla do método.

REFERÊNCIAS

[1] BURNET, Steve; PAINE, Stephen. *Criptografia e Segurança*: o guia oficial RSA. Tradução de Edison Furmankiewicz. 4ª.reimp. Rio de Janeiro: Campus, 2002.

[2] COSTA, Celso; FIGUEREDO, Luiz Manoel Silva de. *Tópicos de Matemática e Atualidade.* 1. ed. Rio de Janeiro: UFF/CEP, 2006. (Curso de Instrução para o Ensino de Matemática).

[3] COURANT, Richard; ROBBINS, Herbert. *O Que é Matemática?*: uma abordagem elementar de métodos e conceitos. Tradução de Adalberto Brito. 1. ed. Rio de Janeiro: Ciência Moderna, 2000.

[4] COUTINHO, Severino Collier. *Números Inteiros e Criptografia RSA.* 2. ed. Rio de Janeiro: IMPA, 2005. (Série de Computação e Matemática 2).

[5] _____. *Criptografia.* 1. ed, 11ª impressão. Rio de Janeiro: IMPA/OBMEP, 2015. (Apostilas da OBMEP 7).

[6] EVARISTO, Jaime; PERDIGÃO, Eduardo. *Introdução à álgebra Abstrata.* 1. ed. Maceió: Edufal, 2002.

[7] FILHO, Edgard de Alencar. *Teoria Elementar dos Números.* 2. ed. São Paulo: Nobel, 1985.

[8] HEFEZ, Abramo. *Elementos de Aritmética.* 2. ed. Rio de Janeiro: SBM, 2006. (Coleção Textos Universitários 2).

[9] LEMOS, Manoel. *Criptografia, Números Primos e Algoritmos.* 4. ed. Rio de Janeiro: IMPA, 2010. (Coleção Publicações Matemáticas 3).

120 Criptografia e Teoria dos Números

[10] LOVÁSZ, László; PELIKÁN, József; VESZTERGOMBI Katalin. *Matemática Discreta*. Tradução de Ruy de Queiroz. 1 ed. Rio de Janeiro: SBM, [2005 ou 2006]. (Coleção Textos Universitários 5).

[11] MOREIRA, Carlos Gustavo; SALDANHA, Nicolau. *Primos de Mersenne: e outros primos muito grandes*. 3. ed. Rio de Janeiro: IMPA, 2008. (Coleção Publicações Matemáticas 12).

[12] RIBENBOIM, Paulo. *Números Primos: Velhos mistérios e novos recordes*. 1. ed. Rio de Janeiro: IMPA, 2012. (Coleção Matemática Universitária 18).

[13] RIVEST, Ron; SHAMIR, Adi; ADLEMAN, Leonard. *A Method for Obtaining Digital Signatures and Publik-Key Cryptosystems*, Programming Techniques SL Graham,RL Rivest Editors, 1978.

[14] SANTOS, José Plínio de Oliveira. *Introdução à teoria dos números*. 2. ed. Rio de Janeiro: IMPA, 2005. (Coleção Matemática Universitária 8).

[15] SHOKRANIAN, Salahoddin; SOARES, Marcus; GODINHO, Hemar. *Teoria dos Números*. 2.ed.rev. Brasília: UNB, 1999.

[16] SHOKRANIAN, Salahoddin. *Criptografia Para Iniciantes*. 1. ed. Brasília: UNB, 2005.

[17] _____. *Números Notáveis*. 1. ed. Brasília: UNB, 2002.

[18] _____. *Uma Introdução à Teoria dos Números*. 1. ed. Rio de Janeiro: Ciência Moderna, 2008.

[19] SINGH, Simon. *O livro dos Códigos: a ciência do sigilo — do antigo Egito à Criptografia Quântica*. Tradução de Jorge Calife. 5. ed. Rio de Janeiro: Record, 2005.

[20] STALLINGS, William. *Criptografia e Segurança de Redes: Princípios e Práticas*. Tradução de Daniel Vieira. 4. ed. São Paulo: Pearson Prentice Hall, 2008.

[21] TERADA, Routo. *Segurança de Dados: Criptografia em Redes de Computador*. 1 ed. São Paulo: Edgard Blücher.

ANOTAÇÕES

Impressão e acabamento
Gráfica da Editora Ciência Moderna Ltda.
Tel: (21) 2201-6662